职业教育教学用书

# Animate CC
# 动画制作实例教程

高德杰　高　伟　田　帅　　主　编

王利华　王素芬
　　　　　　　　　副主编
王　承　赵艳春

电子工业出版社

**Publishing House of Electronics Industry**

北京·BEIJING

## 内 容 简 介

本书通过 27 个案例，主要介绍了 Animate CC 2017 工作界面的组成，工具箱中绘图工具、颜色填充工具、文本工具、任意变形工具等的使用方法，基础动画中逐帧动画、补间形状动画、传统补间动画、补间动画的制作，高级动画中引导层动画、遮罩层动画、骨骼动画、3D 动画和滤镜动画的制作，以及组件中使用代码片段实现控制影片播放和游戏动画的设计。

本书将知识点与案例相结合，通过从基础到进阶再到高级的学习顺序，使学生快速掌握 Animate CC 2017 的具体用法和动画制作方法。

未经许可，不得以任何方式复制或抄袭本书之部分或全部内容。
版权所有，侵权必究。

**图书在版编目（CIP）数据**

Animate CC 动画制作实例教程 / 高德杰，高伟，田
帅主编 . -- 北京：电子工业出版社，2024. 10.
ISBN 978-7-121-48321-9

Ⅰ. TP391.414

中国国家版本馆 CIP 数据核字第 20245Q6D29 号

责任编辑：郑小燕
印　　刷：天津千鹤文化传播有限公司
装　　订：天津千鹤文化传播有限公司
出版发行：电子工业出版社
　　　　　北京市海淀区万寿路173信箱　　　　　邮编：100036
开　　本：880×1230　　1/16　　印张：12.75　　字数：294千字
版　　次：2024年10月第1版
印　　次：2024年10月第1次印刷
定　　价：48.80元

凡所购买电子工业出版社图书有缺损问题，请向购买书店调换。若书店售缺，请与本社发行部联系，联系及邮购电话：（010）88254888，88258888。

质量投诉请发邮件至zlts@phei.com.cn，盗版侵权举报请发邮件至dbqq@phei.com.cn。

本书咨询联系方式：（010）88254550，zhengxy@phei.com.cn。

前言

　　二维动画制作是职业院校计算机类相关专业的一门核心课程，所使用的软件主要是Flash，Flash是Macromedia公司发布的一款专门用于网页动画制作的优秀软件。2015年12月，Adobe宣布Flash Professional CC更名为Animate CC，在支持Flash SWF文件的基础上，加入了HTML5的支持，并从2016年1月发布的新版本开始正式更名为Animate CC。Animate CC保留了原有的Flash开发工具，新增了HTML5创作工具，灵活的动画及输出格式实现了不用插件就能观看动画效果，为网页开发人员提供了适应现有网页应用的音频、图片、视频、动画等创作支持。

　　Animate CC 2017作为入门级应用，与原来Flash软件的结构功能比较接近，更容易学习和掌握。本书由来自教学一线、具有丰富教学经验的职业院校教师和技术人员编写。书中共有11个项目，系统且全面地介绍了Animate CC 2017的使用方法。全书以案例教学为主，采用具有职教特色的案例教学法，使学生通过对案例的研究学习，激发学习兴趣，增强感性认识，从而加深对理论知识的理解。在每个项目后面都有对相关知识点的讲解，并提供了相关的练习题，帮助学生举一反三，提高其操作技术水平及解决问题的能力。

| 教 学 内 容 | 学　　时 | | |
| --- | --- | --- | --- |
| | 讲授学时数 | 实训学时数 | 合计学时数 |
| 项目一　初识Animate CC 2017 | 2 | 2 | 4 |
| 项目二　绘制基础图形 | 4 | 4 | 8 |
| 项目三　图形的色彩 | 2 | 2 | 4 |
| 项目四　图形的变换 | 2 | 2 | 4 |
| 项目五　文本工具的使用 | 2 | 2 | 4 |
| 项目六　元件、实例和库 | 4 | 4 | 8 |
| 项目七　基础动画制作 | 6 | 6 | 12 |
| 项目八　高级动画制作 | 6 | 6 | 12 |
| 项目九　导入外部对象 | 4 | 4 | 8 |
| 项目十　使用脚本语言 | 4 | 4 | 8 |

| 教 学 内 容 | 学 时 | | |
|---|---|---|---|
| | 讲授学时数 | 实训学时数 | 合计学时数 |
| 项目十一　组件及其应用 | 2 | 2 | 4 |
| 复习 | 2 | 2 | 4 |
| 合计 | 40 | 40 | 80 |

注：按每周学时为 4，学期教学周数为 20 周计算，总学时数为 80。

本书由山东省济宁市高级职业学校的高德杰、高伟担任主编并负责总体设计及统稿，由田帅、王利华、王素芬、王承、赵艳春担任副主编并协助统稿。本书在编写过程中得到了学校领导及相关企业技术人员的大力支持，在此一并深表感谢。

由于编者水平有限，书中难免存在疏漏，恳请广大读者批评指正。

编　者

# 目录

# 项目一

## 初识 Animate CC 2017

**实训目标**

Adobe Animate CC 2017 是一款功能强大的动画创作软件，用户可以在一个基于时间轴的创作环境中创建矢量动画、广告、多媒体作品、应用程序、游戏等。如果想要正确、高效地使用本软件，首先需要熟悉 Animate CC 2017 的工作界面及其各部分的功能。本项目的学习目标如下。

**知识目标：**

- 了解软件窗口的组成。
- 熟练掌握文档属性的设置方法。
- 掌握网格线、标尺、辅助线等工具的使用方法。

**技能目标：**

- 熟悉基本工具的使用方法。
- 能够根据需要调整文档的属性参数，制作满足要求的文档。
- 掌握文档新建、保存和打开的方法。
- 掌握导入素材和导出发布影片的方法。

**素养目标：**

- 使学生感悟清晨阳光，提高学生珍惜时间的意识，培养学生早睡早起的好习惯。
- 培养学生精益求精的职业素养。
- 培育学生绿水青山就是金山银山的理念。

实训内容

## 案例1 制作"太阳升起来"的画面

将外部图像素材导入文档，并对文档属性进行修改，使用"椭圆工具"绘制太阳，制作一幅"太阳升起来"的画面，如图 1-0 所示。

图 1-0　太阳升起来

实训步骤

**1** 启动 Animate CC 2017，在起始页中选择"新建"列表下的"ActionScript 3.0"选项，新建 ActionScript 3.0 文档进入编辑界面，如图 1-1 所示。

图 1-1　编辑界面

**2** 选择"文件"|"导入"|"导入到舞台"命令，打开"导入"对话框（见图 1-2），在该对话框中选择给定的素材文件"草地 .psd"。

图 1-2　"导入"对话框

**3** 在"将'草地.psd'导入到舞台"对话框中（见图 1-3）勾选"将对象置于原始位置"复选框，并单击"导入"按钮。

**4** 选择"修改"|"文档"命令，打开"文档设置"对话框（见图 1-4），在该对话框中设置"舞台颜色"为 #0099FF，"舞台大小"的"宽"为 650 像素、"高"为 400 像素，单击"确定"按钮。

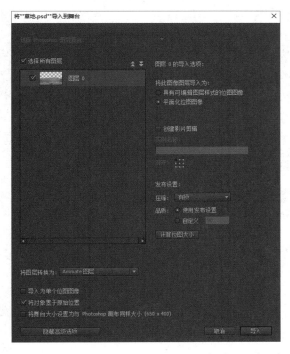

图 1-3　"将'草地.psd'导入到舞台"对话框　　　图 1-4　"文档设置"对话框

**5** 选择"视图"|"标尺"命令，显示标尺，随后将鼠标指针移动到垂直标尺上，按住鼠标左键在舞台中拖曳出一条垂直辅助线，并将其移动到 325 像素位置。将鼠标指针移动

到水平标尺上，按住鼠标左键在舞台中拖曳出一条水平辅助线，并将其移动到 200 像素位置。这样就可以在舞台上绘制两条辅助线并将舞台进行四等分，如图 1-5 所示。

图 1-5　绘制辅助线

**6** 选择工具箱中的 "椭圆工具"，在 "属性" 面板中设置笔触颜色为无，内部填充颜色为黄色（#FFFF00），将鼠标指针移动到舞台中间偏上的位置，按快捷键 Alt+Shift 绘制一个黄色的正圆形，如图 1-6 所示。再次选择 "视图" | "标尺" 命令，取消勾选标尺 ✓ 标尺(R)，将标尺隐藏。

图 1-6　绘制太阳

**提个醒：** 当选择 "椭圆工具" 后，按住快捷键 Shift 和鼠标左键并拖曳，可绘制一个正圆形；按住快捷键 Alt+Shift 和鼠标左键并拖曳，可绘制一个以鼠标指针的初始位置为圆心的正圆形。

**7** 选择 "文件" | "另存为" 命令，打开 "另存为" 对话框（见图 1-7），在该对话框中选择文件保存的位置并输入文件名 "太阳升起来"，单击 "保存" 按钮。

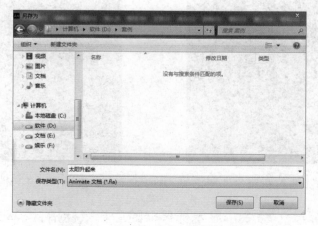

图 1-7　"另存为" 对话框（1）

**8** 对静态的图片可以进行导出操作，选择"文件"|"导出图像(旧版)"命令，打开"导出图像(旧版)"对话框（见图 1-8），在该对话框中选择文件保存的位置，设置"保存类型"为"JPEG 图像"，输入文件名"太阳升起来"，单击"保存"按钮。

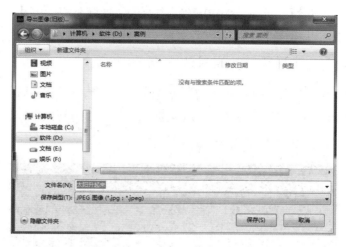

图 1-8　"导出图像"对话框

**提个醒：** 在文档创建完成后，按快捷键Ctrl+Enter可测试影片，同时生成.swf文件，或选择"文件"|"导出"|"导出影片"命令，导出.swf、.avi、.mov等常见视频格式的文件。

　　选择"文件"|"发布设置"命令，打开"发布设置"对话框（见图 1-9），该命令一次可发布不同格式的多个文档，单击"输出名称"文本框右侧的"选择发布目标"按钮，设置发布文档新的保存位置。若不单击此按钮，则发布后的文档都将被保存在源文件所在目录下。

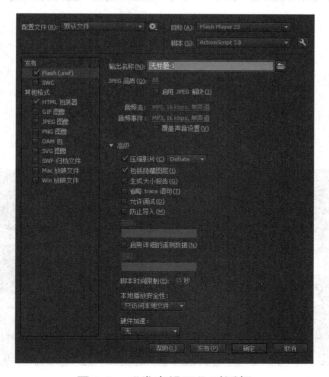

图 1-9　"发布设置"对话框

## 1. Animate CC 2017 起始页

双击桌面快捷方式图标 An，启动 Animate CC 2017，起始页如图 1-10 所示。下面我们首先介绍起始页，通过它可以打开项目和新建文档。起始页选项列表的功能如下。

打开最近的项目：可以打开曾经编辑过的文档。

新建：可以创建包括 HTML5 Canvas、WebGL（预览）和 ActionScript 3.0 等各种类型的文档。

模板：可以应用 Animate CC 2017 自带的模板，方便地创建特定的项目。

简介和学习：可以打开相应的学习界面进行学习。

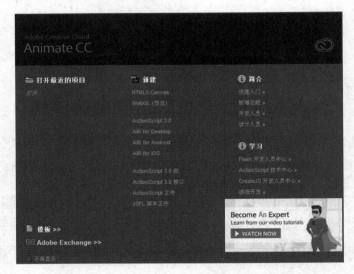

图 1-10　起始页

## 2. 界面的组成

在起始页中选择"新建"列表下的"ActionScript 3.0"选项，新建 ActionScript 3.0 文档进入编辑界面，下面我们学习该界面的组成，如图 1-11 所示。

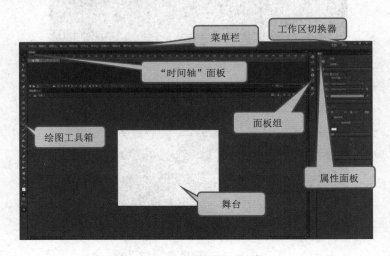

图 1-11　界面的组成

### 3. 时间轴

时间轴是一个显示图层和帧的面板，用于控制和组织文档内容在一定时间内播放的帧数，同时可以控制影片的播放和停止，"时间轴"面板的组成如图 1-12 所示。在"时间轴"面板上双击"时间轴"标签，可以隐藏面板。在隐藏后，单击该标签能够将面板重新显示。

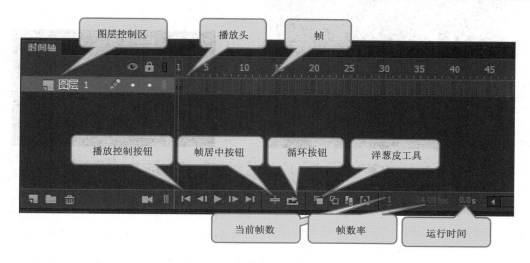

图 1-12 "时间轴"面板的组成

### 4. 舞台

舞台是放置动画内容的矩形区域，默认采用白色背景，在舞台上可以放置矢量图形、文本、按钮、导入的位图或视频等对象。在导出的动画中只能显示矩形舞台区域内的对象，舞台外灰色区域内的对象不会被显示出来，即动画"演员"必须在舞台上"演出"才能被观众看到。舞台上方为编辑栏，包含了"编辑场景"按钮、"编辑元件"按钮、"舞台居中"按钮、"剪切掉舞台范围以外内容"按钮和缩放数字框等，如图 1-13 所示。

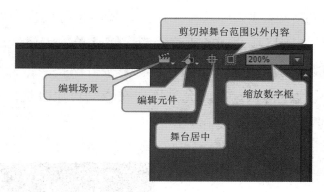

图 1-13 舞台编辑栏

### 5. 文档设置

选择"修改"|"文档"命令，打开"文档设置"对话框（见图 1-14），在该对话框中根据需要设置"舞台大小"、"舞台颜色"和"帧频"等信息，单击"确定"按钮。另外，

也可以通过"属性"面板中的"属性"选项组修改舞台的属性，如图 1-15 所示。

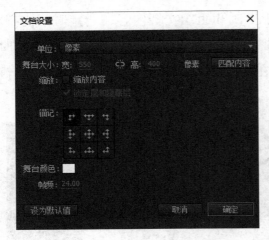

图 1-14　"文档设置"对话框（1）　　　　图 1-15　"属性"选项组

## 6. 网格的显示与编辑

网格是一个辅助对象，可以通过在舞台上显示网格来帮助用户精确地绘图和安排对象。选择"视图"|"网格"|"显示网格"命令，或按快捷键 Ctrl+' 来显示默认设置的网格。如果用户希望自定义网格的间距和颜色等，则可以选择"视图"|"网格"|"编辑网格"命令，在打开的"网格"对话框中设置相关属性，如图 1-16 所示。

- 颜色：用于设置网格的颜色。
- 显示网格：用于设置网格线为显示状态。
- 在对象上方显示：用于设置网格线显示在所有对象的上方，否则网格线将显示在所有对象的下方。
- 贴紧至网格：可强制将对象贴紧至距离最近的网格线。
- 水平间距：用于设置网格线之间的水平距离，默认单位为像素。
- 垂直间距：用于设置网格线之间的垂直距离，默认单位为像素。
- 贴紧精确度：一般，为默认值，即以一般状态接近网格线；必须接近，在强制移动对象时必须接近网格线；可以远离，允许用户在移动对象时远离网格线；总是贴紧，在强制移动对象时必须贴紧网格线。

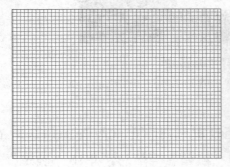
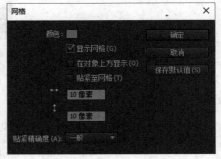

图 1-16　"网格"对话框

### 7. 标尺与辅助线

Animate CC 2017 提供标尺工具，用于帮助用户精确地定位对象的位置。选择"视图"|"标尺"命令，显示或隐藏标尺工具（见图 1-17）。用户可以更改标尺的度量单位，默认单位为像素。要更改标尺的度量单位，可以打开"文档设置"对话框，在"单位"下拉列表中选择一个度量单位，如图 1-18 所示。

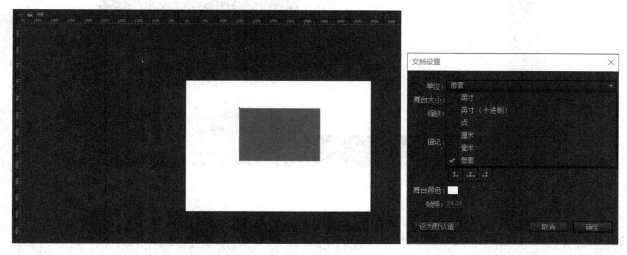

图 1-17　显示标尺工具　　　　　　图 1-18　"文档设置"对话框（2）

辅助线用于对齐文档中的对象，用户只需要将鼠标指针置于标尺栏上方，随后按住鼠标左键并向下拖曳至编辑区，即可添加辅助线。

- 显示或隐藏辅助线：选择"视图"|"辅助线"|"显示辅助线"命令。
- 移动辅助线：将鼠标指针移动到辅助线上，按住鼠标左键拖曳即可。
- 删除辅助线：将鼠标指针移动到辅助线上，按住鼠标左键将其拖曳出编辑区即可。
- 清除辅助线：选择"视图"|"辅助线"|"清除辅助线"命令，该命令会清除文档中所有的辅助线。

### 8. 贴紧

Animate CC 2017 提供了贴紧功能，用户可以选择"贴紧对齐"、"贴紧至网格"、"贴紧至辅助线"、"贴紧至像素"和"贴紧至对象"等命令。要打开或关闭贴紧功能，可以选择"视图"|"贴紧"菜单下的相关命令，如图 1-19 所示。

### 9. 文档的操作

新建文档：新建文档是使用 Animate CC 2017 创作作品的第一步，可以选择"文件"|"新建"命令，或按快捷键 Ctrl+N 打开"新建文档"对话框（见图 1-20）。在该对话框中可以根据需要选择新建文档的类型，如"HTML5 Canvas"、"WebGL( 预览 )"和"ActionScript 3.0"等，之后单击"确定"按钮。

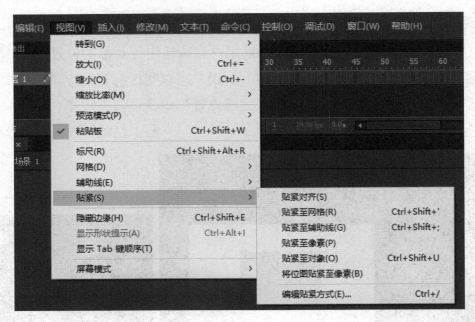

图 1-19　贴紧命令

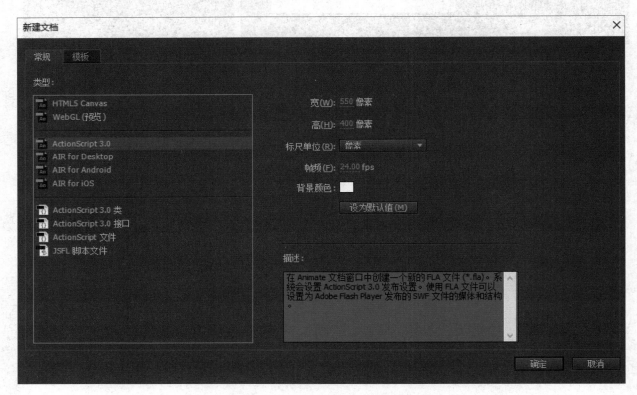

图 1-20　"新建文档"对话框

　　保存文档：在编辑和制作动画完成后，需要将文档进行保存。选择"文件"|"保存"命令，或按快捷键 Ctrl+S，或选择"文件"|"另存为"命令，在第一次保存文档时，三种方法都会打开"另存为"对话框，如图 1-21 所示。在该对话框中输入文件名，设置保存类型，单击"保存"按钮，即可保存文档。

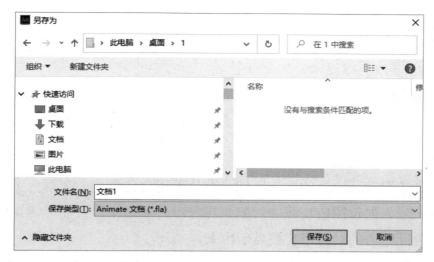

图 1-21 "另存为"对话框（2）

打开文档：要打开已保存的文档，可选择"文件"|"打开"命令，或按快捷键 Ctrl+O，打开"打开"对话框，如图 1-22 所示。在该对话框中选择要打开的文档，单击"打开"按钮，即可打开文档。

图 1-22 "打开"对话框

关闭文档：要关闭已打开的文档，可以执行以下 3 种操作。

（1）选择"文件"|"关闭"命令，或按快捷键 Ctrl+W。

（2）单击文档名称右侧的"关闭"按钮 青春中国.fla × 。

（3）选择"文件"|"全部关闭"命令，关闭所有文档。

> 提个醒：在"打开"对话框中，可一次打开多个文件，只要在文件列表中选中要打开的文件，并单击"打开"按钮，应用程序即可逐个打开这些文件。在选择文件的过程中，可以按住 Ctrl 键单击要选择的文件，不连续地选择文件；也可以按住 Shift 键依次单击要选择的文件，连续地选择文件。

## 实训拓展

### 一、基础知识练习

1. （　　　）是一个显示图层和帧的面板，用于控制和组织文档内容在一定时间内播放的帧数，同时可以控制影片的播放和停止。

2. （　　　）是放置动画内容的矩形区域，默认采用白色背景，在舞台上可以放置矢量图形、文本、按钮、导入的位图或视频等对象。在导出的动画中，只能显示矩形舞台区域内的对象，舞台外灰色区域内的对象不会被显示出来。

3. 网格是一个辅助对象，可以通过在舞台上显示网格来帮助用户精确地绘图和安排对象。选择"视图"|"网格"菜单下的（　　　）命令，显示默认设置的网格。

4. 关闭文档的快捷方式是（　　　）。

    A. Ctrl+S        B. Ctrl+W        C. Ctrl+O        D. Ctrl+V

5. Animate CC 2017 是一款（　　　）软件。

    A. 文字编辑排版                     B. 平面图像处理

    C. 交互式矢量动画编辑              D. 三维动画创作

### 二、技能操作练习

1. 在 Animate CC 2017 中创建一个名为"软件学习"的文档，设置文档格式为".fla"，文档大小为宽 1024 像素、高 768 像素，舞台颜色为 #0099CC。

2. 在"软件学习"文档中，设置显示网格，并设置网格的宽、高均为 30 像素，颜色为红色，如图 1-23 所示。

图 1-23　显示网格

# 项目二

# 绘制基础图形

Adobe Animate CC 2017 提供了简单而强大的绘图工具用来绘制矢量图形,使用"矩形工具"、"基本矩形工具"、"椭圆工具"、"基本椭圆工具"和"多角星形工具"等可以绘制标准的几何图形。本项目的学习目标如下。

**知识目标:**

- 了解矢量图形和位图的区别。
- 掌握"椭圆工具"、"基本椭圆工具"、"矩形工具"、"基本矩形工具"、"多角星形工具"、"线条工具"、"铅笔工具"和"钢笔工具"的使用方法。

**技能目标:**

- 熟练使用不同的绘图工具。
- 掌握基本场景和角色的绘制方法。
- 使用绘图工具,发挥个人创意,完成场景和角色设置。

**素养目标:**

- 培养学生认真细致的工作作风。
- 增强学生对"四个自信"的认同感。
- 培养学生科技报国的精神。

实 训 内 容

## 案例 2 制作"积木城堡"

使用"椭圆工具"、"矩形工具"和"多角星形工具"制作"积木城堡",如图 2-0 所示。

图 2-0　积木城堡

**实 训 步 骤**

**1** 启动 Animate CC 2017，在起始页中选择"新建"列表下的"ActionScript 3.0"选项，新建 ActionScript 3.0 文档进入编辑界面。选择"属性"面板，在"属性"选项组中设置文档大小为宽 800 像素、高 600 像素。

**2** 选择"基本矩形工具"，在"属性"面板中设置笔触颜色为无，填充颜色为 #FO8207，绘制矩形，设置其宽为 223 像素、高为 111 像素；设置笔触颜色为无，填充颜色为 #A9C813，绘制矩形，设置其宽为 73 像素、高为 223 像素；设置笔触颜色为无，填充颜色为 #EE7562，绘制矩形，设置其宽为 73 像素、高为 223 像素；设置笔触颜色为无，填充颜色为 #0AB2B2，绘制矩形，设置其宽为 152 像素，高为 152 像素，如图 2-1 所示。

**3** 选择"多角星形工具"，在"属性"面板的"填充和笔触"选项下，设置笔触颜色为无，填充颜色为 #F08207；在"工具设置"选项组下单击"选项"按钮，打开"工具设置"对话框（见图 2-2），设置"样式"为"多边形"，"边数"为 3，"星形顶点大小"为 0.5，在舞台上拖曳鼠标指针绘制顶部三角形。选择三角形，在"属性"面板中设置其宽为 209 像素、高为 106 像素。再次选择"多角星形工具"，设置笔触颜色为无，填充颜色为 #FCD319，绘制右侧三角形，使用"部分选取工具"调整三角形的顶点与水平线垂直，并紧靠左侧的矩形，设置三角形的大小为宽 152 像素、高 152 像素。

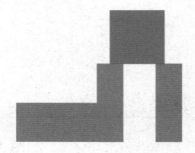

图 2-1　绘制组合矩形

图 2-2　"工具设置"对话框

**4** 选择"基本椭圆工具",设置笔触颜色为无,填充颜色为 #6B1F50,开始角度为 180°,结束角度为 0°,绘制半圆,设置其宽为 120 像素、高为 60 像素。使用"选择工具"选中半圆,按住 Alt 键和鼠标左键拖曳复制,将复制出的半圆的填充颜色设置为白色,并放置在最左侧矩形的下方,绘制效果如图 2-3 所示。

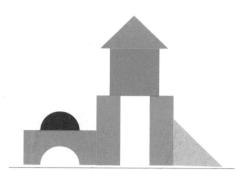

图 2-3 绘制效果

**5** 按快捷键 Ctrl+S,打开"另存为"对话框,在该对话框中保存文件,文件名为"积木城堡"。选择"文件"|"导出图像"命令,将其导出为"积木城堡.jpg"图像文件。

## 案例 3 绘制苹果简笔画

使用"钢笔工具"、"铅笔工具"和"线条工具"绘制苹果简笔画,效果如图 3-0 所示。

图 3-0 苹果简笔画

### 实训步骤

**1** 启动 Animate CC 2017,在起始页中选择"新建"列表下的"ActionScript 3.0"选项,新建 ActionScript 3.0 文档进入编辑界面。选择"属性"面板,在"属性"选项组中设置文档大小为宽 550 像素、高 400 像素。

**2** 选择"钢笔工具",在"属性"面板中,设置笔触为 3 像素,笔触颜色为黑色,进行线段的绘制。首先在舞台上单击,确定起始位置,然后使用"钢笔工具"绘制下一个端点,这时需要按住鼠标左键改变线段的弧度,绘制弯曲的线段,如图 3-1 所示,接着按照同样的方法继续绘制右侧弯曲线段，如图 3-2 所示。

图 3-1　绘制左侧线段

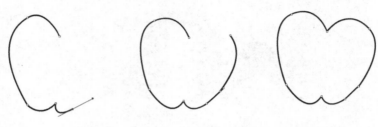

图 3-2　绘制右侧线段

**提个醒：** 使用"钢笔工具"绘制线条时，在起始位置单击，在线段的末尾处按住鼠标左键进行拖曳，拉出贝塞尔曲线，即可改变线段的弧度。

**3** 使用"线条工具"，绘制苹果叶子，将"选择工具"移动到叶子线段上，按住鼠标左键拖曳，改变线段弧度，如图 3-3 所示。

图 3-3　绘制苹果叶子

**4** 使用"铅笔工具"，绘制苹果果柄，如图 3-4 所示。

图 3-4　绘制苹果果柄

**5** 按快捷键 Ctrl+S，打开"另存为"对话框，在该对话框中保存文件，文件名为"苹果简笔画"，选择"文件"|"导出图像"命令，将其导出为"苹果简笔画.jpg"文件。

知识小贴士

### 1. 矢量图和位图

矢量图是使用直线和曲线来描述的图形，构成这些图形的元素是点、线、矩形、多边形、圆和弧线等。矢量图都是通过数学公式计算得到的，具有放大后不失真、文件体积小的特点，但难以表现出色彩层次丰富的逼真图像效果。

位图也称为点阵图像或栅格图像，是由像素点组成的，通过像素点不同的排列和染色来构成图像。当放大位图时，可以看见构成整个图像的无数单个方块。位图能够表现出艳丽的色彩，但位图文件体积大，且放大后图像会出现失真现象。

### 2. 矩形工具和基本矩形工具

"矩形工具"和"基本矩形工具"用于绘制矩形、圆角矩形和正方形，如图 3-5 所示，若要绘制正方形，则需要在绘图的同时按住 Shift 键。可以通过设置矩形的形状、大小、颜色及边角半径来修改矩形的形状。

选择"矩形工具"后，右侧的"属性"面板如图 3-6 所示，其主要参数含义如下。

图 3-5 "矩形工具"绘图　　　　图 3-6 "矩形工具"的"属性"面板

- 笔触颜色：用于设置矩形的笔触颜色，即矩形的外框颜色。
- 填充颜色：用于设置矩形的内部填充颜色。
- 样式：用于设置矩形的边框线样式，单击"画笔库"按钮会打开"画笔库"对话框（见图 3-7），双击其中的画笔样式即可应用相应的画笔。

- 宽度：用于设置矩形的宽度。
- 缩放：用于设置矩形的缩放模式。
- 矩形选项：文本框内的参数用于设置矩形的 4 个边角半径，正值为正半径，负值为反半径。单击"重置"按钮将重置所有数值，即角度值被还原为默认值 0。

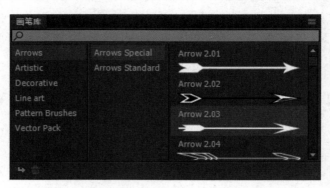

图 3-7　"画笔库"对话框

### 3. 椭圆工具和基本椭圆工具

"椭圆工具"和"基本椭圆工具"用于绘制椭圆形、环形、扇形和正圆形，如图 3-8 所示，按住 Shift 键可绘制正圆形。选择"椭圆工具"后，打开"属性"面板，其主要参数含义如下。

- 开始角度：用于设置绘制椭圆形时的起始角度。
- 结束角度：用于设置绘制椭圆形时的结束角度。
- 内径：用于设置内侧椭圆形的大小，内径大小的取值范围为 0 ～ 99。
- 闭合路径：用于设置路径是否闭合。

取消勾选"闭合路径"复选框并设置开始角度和结束角度的相应数值后，会绘制一条开放路径，在默认情况下选择闭合路径。

椭圆形　环形　扇形　正圆形

图 3-8　"椭圆工具"绘图

### 4. 多角星形工具

"多角星形工具"可以用于绘制多边形和多角星形，如图 3-9 所示。选择"多角星形工具"后，打开"属性"面板，单击"工具设置"选项组中的"选项"按钮，打开"工具设置"对话框（见图 3-10），其主要参数含义如下。

- 样式：用于设置多角星形样式，可以选择"多边形"和"星形"样式。
- 边数：用于设置绘制的图形边数，取值范围为 3 ～ 32。
- 星形顶点大小：用于设置图形顶点大小，取值范围为 0 ～ 1，数值越小，绘制的星形顶点越尖，该参数设置只对"星形"样式起作用。

五边形　　五角星形　　十二边形　　十二角星形　　四角星形

图 3-9　多边形和多角星形　　　　图 3-10　多角星形的"工具设置"对话框

### 5. 线条工具

"线条工具"用于绘制不同角度的矢量直线。选择"线条工具"，将鼠标指针移动到舞台上，按住鼠标左键拖曳，即可绘制一条直线。按住 Shift 键的同时拖曳鼠标，即可绘制水平、垂直或以 45°为增量倍数的直线。选择"线条工具"，打开"属性"面板，其主要参数含义如下。

- 填充和笔触：用于设置线条的笔触和颜色。
- 笔触：用于设置线条的笔触大小，即线条的宽度。
- 样式：用于设置线条的样式，如虚线、点状线、锯齿线等。

### 6. 铅笔工具

"铅笔工具"用于绘制任意线条，在选择"铅笔工具"后，将鼠标指针移动到舞台上，按住鼠标左键拖曳即可绘制一条直线；按住 Shift 键的同时拖曳鼠标，即可绘制水平或垂直方向的线条。"铅笔模式"下拉按钮中 3 个选项的具体作用如下。

- 伸直：使绘制的线条尽可能地规整为几何图形。
- 平滑：使绘制的线条尽可能地消除线条边缘的棱角，线条更加光滑。
- 墨水：使绘制的线条更接近手写的感觉。

### 7. 钢笔工具

"钢笔工具"用于绘制复杂的曲线路径。路径由一条或多条直线段和曲线段组成，线段的起始点和结束点都由锚点标记。

- 添加锚点工具 ➕添加锚点工具：选择该工具，在线段上单击即可添加一个锚点。
- 删除锚点工具 ➖删除锚点工具：选择该工具，单击线段，在要删除的锚点上单击即可删除该锚点。
- 转换锚点工具 ⟋转换锚点工具：选择该工具，单击线段，在锚点上单击即可实现曲线锚点和直线锚点之间的转换。

提个醒：要结束开放曲线的绘制，可双击绘制的最后一个锚点，也可按住 Ctrl 键单击舞台中的任意位置；要结束闭合曲线的绘制，可移动鼠标指针至起始锚点位置并单击闭合曲线。

### 8. 宽度工具

"宽度工具" 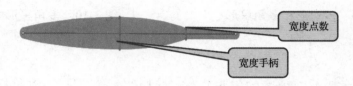 可以调整线条的粗细程度，可以将可变宽度另存为宽度配置文件，该文件可应用到其他笔触上。选择该工具后，当鼠标指针悬停在笔触上时，会显示带有手柄的点数，鼠标指针会变为 ，表示"宽度工具"此时处于活动状态，分别向外和向内拖曳可以改变线条宽度，宽度大小限定在 100 像素之内，如图 3-11 所示。

宽度点数

宽度手柄

图 3-11  宽度点数和宽度手柄

> **提个醒：** 按住 Alt 键拖曳宽度点数可改变一侧的宽度。若要删除笔触的可变宽度，则先选中要删除的宽度点数，然后按退格键（Backspace）或删除键（Delete）删除宽度点数。

## 实训拓展

### 一、基础知识练习

1. （　　）是使用直线和曲线来描述的图形，构成这些图形的元素是点、线、矩形、多边形、圆和弧线等，它们都是通过数学公式计算得到的。

2. （　　）也称为点阵图像或栅格图像，是由像素点组成的，通过像素点不同的排列和染色来构成图像。当放大位图时，可以看见构成整个图像的无数单个方块。

3. （　　）图具有编辑后不失真、文件体积小的特点。

4. 使用"椭圆工具"和"基本椭圆工具"的同时按住（　　）键可绘制正圆形。

5. 在"铅笔模式"的 3 个选项中，（　　）模式使绘制的线条更接近手写的感觉。

6. Animate CC 2017 产生的可编辑文件格式是（　　）。

    A. .fla　　　　　B. .swf　　　　　C. .exe　　　　　D. 以上都是

7. Animate CC 2017 制作的内容是（　　），无论用户如何放大，图片质量都不会改变。

    A. 矢量格式　　　B. 位图格式　　　C. 以上都是　　　D. 以上都不是

8. Animate CC 2017 制作的矢量动画文件具有的特点不包括（　　）。

    A. 体积小　　　　B. 交互性强　　　C. 放大不失真　　　D. 色彩层次丰富

9. 导出视频文件的快捷键为（　　）。

    A. Ctrl+Enter　　B. Ctrl+D　　　　C. Ctrl+N　　　　D. Ctrl+S

## 二、技能操作练习

1. 使用工具箱中提供的绘图工具绘制火箭，如图 3-12 所示。

2. 根据给定的素材文件，使用工具箱中提供的绘图工具绘制足球场，如图 3-13 所示。

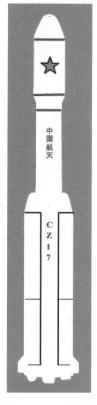

图 3-12　火箭　　　　　　　　　　　　　　　图 3-13　足球场

3. 使用"线条工具"和"多角星形工具"绘制"四个自信"宣传海报，如图 3-14 所示。

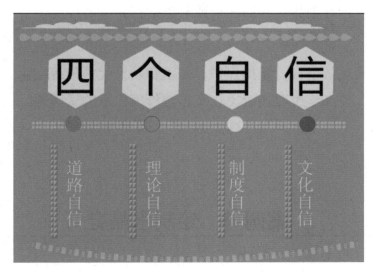

图 3-14　"四个自信"宣传海报

# 项目三

# 图形的色彩

**实训目标**

在绘制图形后，即可进行颜色的填充与调整操作。Animate CC 2017 中的填充工具主要包括"颜料桶工具"、"墨水瓶工具"、"画笔工具"和"滴管工具"，对填充颜色的调整可使用"渐变变形工具"和"橡皮擦工具"。本项目的学习目标如下。

**知识目标：**

- 熟练掌握使用"颜料桶工具"对图形进行纯色、渐变色和位图填充的方法。
- 掌握使用"墨水瓶工具"对图形外轮廓的颜色和线条进行设置的方法。
- 掌握使用"渐变变形工具"对填充颜色进行调整的方法。

**技能目标：**

- 能够熟练使用颜色填充工具和颜色调整工具。
- 具有创新精神，能够创作优秀的图形或对象角色。

**素养目标：**

- 使学生认识中国传统节日，坚持保护、传承和发扬优秀传统文化。
- 坚定文化自信，提高学生对传统文化及思想价值体系的认同感。

**实训内容**

## 案例 4  绘制水晶鞋

使用"钢笔工具"和"线条工具"等进行水晶鞋的绘制，使用"颜料桶工具"和"渐变变形工具"对水晶鞋进行渐变填充与调整，效果如图 4-0 所示。

图 4-0  水晶鞋

**实 训 步 骤**

1  打开给定的素材文件 "水晶鞋 .fla"，如图 4-1 所示。

图 4-1  水晶鞋素材

2  在图层面板中新建图层 2，双击图层 2，将其重命名为 "描边"。选择 "钢笔工具"，在 "属性" 面板中设置笔触颜色为蓝色（#0000CC），笔触为 3 像素，在描边图层上绘制水晶鞋外轮廓，如图 4-2 所示。

图 4-2  绘制水晶鞋外轮廓

3  使用 "选择工具"，调整绘制的线段。在 "选择工具" 指向线段且鼠标指针末端带有弧线形状时，按住鼠标左键进行拖曳，以改变线段的弯曲度，如图 4-3 所示。

4  使用 "线段工具"，将水晶鞋外轮廓绘制完成，隐藏图层 1 即可查看水晶鞋外轮廓，如图 4-4 所示。

图 4-3  调整线段至平滑                图 4-4  水晶鞋外轮廓

5  选择 "颜料桶工具"，打开 "颜色" 面板，设置线性渐变，并将左边的颜色块设置为 #042787，右边的颜色块设置为 #4856DB，填充渐变色如图 4-5 所示。

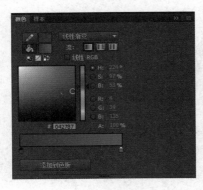

图 4-5　填充渐变色

提个醒：在进行颜色填充时，如果填充不成功，则表示绘制的图形封闭不完全，可修改填充"间隔大小"为"封闭中等空隙"或"封闭大空隙"。

6　使用"渐变变形工具"进行颜色的调整，分别对鞋面、鞋跟和鞋底进行调整，如图 4-6 所示。

图 4-6　调整渐变颜色

7　新建图层 3，并将其重命名为"星星"，选择"多角星形工具"，在"属性"面板中设置笔触颜色为无（见图 4-7）。单击"选项"按钮，打开"工具设置"对话框（见图 4-8），在该对话框中设置"样式"为"星形"，"边数"为 4。打开"颜色"面板，设置径向渐变如图 4-9 所示，分别设置 5 个白色色块，将从左边数的第 2 个和第 4 个色块的 Alpha 值设置为 0%，其他色块的 Alpha 值设置为 100%，绘制两个小星星，如图 4-10 所示。

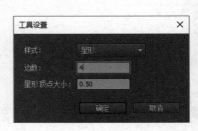
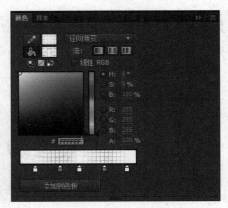

图 4-7　"多角星形工具"的　　图 4-8　"工具设置"对话框　　图 4-9　设置径向渐变
　　　　　"属性"面板

图 4-10　绘制两个小星星

**8** 经过以上步骤水晶鞋就制作完成了，按快捷键 Ctrl+S 打开"另存为"对话框，在该对话框中保存文件，文件名为"水晶鞋"，并导出为"水晶鞋 .jpg"图像文件。

🔔 **知识小贴士**

### 1. 颜料桶工具

"颜料桶工具"用于填充图形内部的颜色。选择"颜料桶工具"，单击"工具箱"面板中的"间隔大小"下拉按钮（见图 4-11），弹出的下拉列表中各选项的作用效果如图 4-12 所示。

- 不封闭空隙：只能填充完全闭合的区域。
- 封闭小空隙：可以填充存在较小空隙的区域。
- 封闭中等空隙：可以填充存在中等空隙的区域。
- 封闭大空隙：可以填充存在较大空隙的区域。

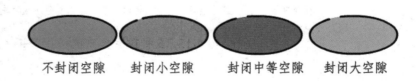

不封闭空隙　　封闭小空隙　　封闭中等空隙　　封闭大空隙

图 4-11　"间隔大小"下拉按钮　　　　　图 4-12　不同空隙填充效果

### 2. 墨水瓶工具

"墨水瓶工具"用于更改矢量线条或图形外轮廓的颜色和形状。选择"墨水瓶工具"，在"属性"面板中设置笔触颜色、样式等参数（见图 4-13），随后将鼠标指针移至要更改的图形上并单击，图形的轮廓发生改变，如图 4-14 所示。

图 4-13 "墨水瓶工具"的"属性"面板　　　　图 4-14 更改图形轮廓

### 3. 橡皮擦工具

"橡皮擦工具"是一种擦除工具，可以擦除图形的笔触和填充。选择"橡皮擦工具"，在"工具箱"面板底部显示"橡皮擦模式"、"水龙头"和"橡皮擦形状"按钮，"橡皮擦模式"下拉按钮中的 5 种擦除模式的应用效果如图 4-15 所示。"水龙头"按钮可擦除不需要的连线或连续的填充内容。

"橡皮擦模式"下拉按钮中包括以下 5 种擦除模式。

- 标准擦除：擦除同一图层中经过区域的笔触和填充。
- 擦除填色：只擦除填充，不影响笔触。
- 擦除线条：只擦除笔触，不影响填充。
- 擦除所选填充：只擦除当前选定的填充，对没有选定的填充和笔触没有影响。
- 内部擦除：擦除形状内部的填充，对笔触没有影响。如果从空白部分开始擦除，则不会擦除任何内容。

图 4-15 5 种擦除模式的应用效果

### 4. 滴管工具

"滴管工具"可以吸取现有图形的线条和填充上的颜色，在使用"滴管工具"拾取线条颜色时，会自动切换到"墨水瓶工具"，且该工具的当前颜色正是"滴管工具"拾取的颜色。在使用"滴管工具"拾取区域颜色时，会自动切换到"颜料桶工具"，且该工具的当前颜色正是"滴管工具"拾取的颜色。

### 5. 画笔工具

（1）"画笔工具 (B)" ✎用于为图形填充颜色或直接绘制带有填充颜色的图形，其属性包括填充颜色、笔尖形状设置、画笔粗细和平滑度。选择"画笔工具 (B)"，在"工具箱"

面板底部会显示"对象绘制"按钮、"锁定填充"按钮、"画笔大小"下拉按钮、"画笔形状"下拉按钮、"画笔模式"下拉按钮等。

- "对象绘制"按钮：单击该按钮，在对象绘制模式下绘制的色块是独立对象，即使与其他色块重叠也不会合并。
- "锁定填充"按钮：单击该按钮，在锁定填充模式下，当进行线性填充时会以整个舞台为参照，在相同位置锁定颜色变化的规律，如图4-16所示。
- "画笔大小"下拉按钮：有8种画笔大小可供选择。
- "画笔形状"下拉按钮：有9种画笔形状可供选择，如图4-17所示。

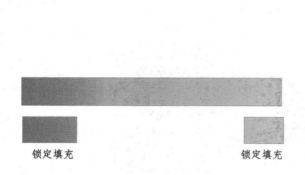

图 4-16　锁定填充

图 4-17　画笔形状

"画笔模式"下拉按钮中包括以下5种绘画模式，如图4-18所示。

- 标准绘画：绘制的图形会覆盖下面的图形。
- 颜料填充：对图形的填充区域进行涂色，不会影响线条。
- 后面绘画：在图形后面进行绘画，不影响原有图形。
- 颜料选择：在已选择区域内进行绘画，未被选择的区域不会受影响。
- 内部绘画：绘画区域取决于绘制图形时的落笔位置。如果落笔在图形内，则对图形的内部进行绘画；如果落笔在图形外，则对图形的外部进行绘画。

上述5种绘画模式的应用效果如图4-19所示。

图 4-18　绘画模式

图 4-19　5种绘画模式的应用效果

（2）"画笔工具(Y)" 可以沿绘制路径应用所选画笔的图案，绘制出风格化的画笔笔触。选择"画笔工具(Y)"后，在"工具箱"面板底部会显示3种绘制模式：伸直、平滑和墨水。若要绘制直线，并接近三角形、椭圆形、正圆形、矩形和正方形的形状，则选择伸直模式 ┗ 伸直 。若要绘制平滑曲线，则选择平滑模式 S 平滑 。若绘制的形状不需要修改，则选择墨水模式 ⬞ 墨水 。

两种画笔的区别在于，"画笔工具 (B)"用于绘制填充图形，"画笔工具 (Y)"用于绘制自由曲线。

### 6. 渐变变形工具

"渐变变形工具"可以通过调整填充的大小、方向或中心位置，对渐变填充或位图填充进行变形操作。

（1）线性渐变的调整：在图形中添加线性渐变效果后，在工具箱中选择"渐变变形工具"，此时，图形将会被含有控制柄的边框包围，拖曳控制柄即可实现对渐变角度、方向和过渡强度的调整，如图 4-20 所示。

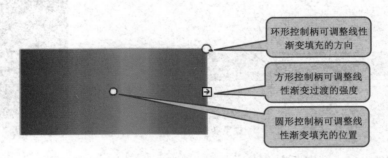

图 4-20　线性渐变的调整

（2）径向渐变的调整：在图形中创建径向渐变填充后，在工具箱中选择"渐变变形工具"，此时，图形将被带有控制柄的圆框包围，拖曳控制柄即可实现对渐变效果的调整，如图 4-21 所示。

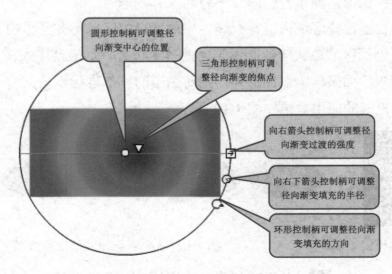

图 4-21　径向渐变的调整

**实训拓展**

## 一、基础知识练习

1. （　　　）工具用于更改矢量线条或图形外轮廓的颜色和形状。

2. 在橡皮擦模式中，（　　　）擦除可擦除同一图层中经过区域的笔触和填充。

3. （　　　）工具可以吸取现有图形的线条和填充上的颜色。

4. 在（　　　）填充下，当进行线性填充时会以整个舞台为参照，在相同位置锁定颜色的变化规律。

5. 在画笔模式中，（　　　）绘画模式下绘制的图形会覆盖下面的图形。

6. 在线性渐变填充中，（　　　）用来调整线性渐变过渡的强度。

    A．环形控制柄　　　　　　　　　　B．方形控制柄

    C．圆形控制柄　　　　　　　　　　D．向右下箭头控制柄

7. 在线性渐变填充中，（　　　）用来调整线性渐变填充的方向。

    A．环形控制柄　　　　　　　　　　B．方形控制柄

    C．圆形控制柄　　　　　　　　　　D．向右下箭头控制柄

8. 在径向渐变填充中，（　　　）用来调整径向渐变过渡的强度。

    A．环形控制柄　　　　　　　　　　B．向右箭头控制柄

    C．圆形控制柄　　　　　　　　　　D．向右下箭头控制柄

9. 在径向渐变填充中，（　　　）用来调整径向渐变填充的方向。

    A．三角形控制柄　　　　　　　　　B．向右箭头控制柄

    C．圆形控制柄　　　　　　　　　　D．环形控制柄

10. 在径向渐变填充中，（　　　）用来调整径向渐变的焦点。

    A．三角形控制柄　　　　　　　　　B．向右箭头控制柄

    C．圆形控制柄　　　　　　　　　　D．环形控制柄

## 二、技能操作练习

1. 使用工具箱中的绘图工具绘制创意彩虹，如图 4-22 所示。

图 4-22　创意彩虹

2. 使用工具箱中的绘图工具绘制红灯笼，如图 4-23 所示。

图 4-23　红灯笼

3. 使用工具箱中的绘图工具绘制创意中国结，如图 4-24 所示。

图 4-24　创意中国结

4. 使用工具箱中的绘图工具绘制创意粽子，如图 4-25 所示。

图 4-25　创意粽子

# 项目四

## 图形的变换

**实训目标**

Animate CC 2017 使用图形编辑工具，可以对创作的图形进行变形、缩放、旋转、对齐等操作，图形编辑工具包括"选择工具"、"部分选取工具"和"任意变形工具"，本项目的学习目标如下。

**知识目标：**

- 了解"选择工具"、"部分选取工具"和"任意变形工具"的作用。
- 熟练掌握"移动"、"复制"、"排列"和"对齐"等命令的操作方法。
- 掌握修改和变形对象的操作方法。
- 熟悉贴紧图形的操作方法。

**技能目标：**

- 熟练使用"选择工具"、"部分选取工具"和"任意变形工具"等对图形进行变形、缩放等操作。
- 掌握绘制不同图形的方法。
- 能够发挥个人创意，创作精彩作品。

**素养目标：**

- 培育新时代青年有担当、有作为的精神，强化学生能吃苦、肯奋斗的意识。
- 使学生认识到科技发展带来的便利，增强学生科技报国的意识。
- 提高学生奉献自我、服务他人的志愿者精神。

实训内容

# 案例 5　绘制卡通手机

使用"选择工具"、"矩形工具"、"任意变形工具"和"对齐"命令绘制一个卡通手机，效果如图 5-0 所示。

图 5-0　卡通手机

实训步骤

**1** 新建 ActionScript 3.0 文档，设置文档大小为宽 800 像素、高 600 像素。

**2** 选择"矩形工具"，在"属性"面板中设置笔触为 2 像素，笔触颜色为 #006699，填充颜色为 #0099CC，矩形边角半径为 9。单击工具箱底部的"对象绘制"按钮，绘制一个宽为 220 像素、高为 270 像素的圆角矩形，如图 5-1 所示。

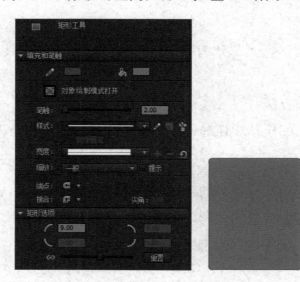

图 5-1　绘制圆角矩形

**3** 选择"矩形工具"，设置笔触颜色为无，填充颜色为由 #F0C023 到 #FFFFFF 的线性渐变，矩形边角半径为 9。单击"对象绘制"按钮，绘制一个宽为 160 像素、高为 140 像素的矩形，并使用"渐变填充工具"调整其填充角度，如图 5-2 所示。

**4** 选择"矩形工具",设置笔触为1像素,笔触颜色为黑色,填充颜色为由白到黑的径向渐变,单击"对象绘制"按钮,绘制一个宽为45像素、高为20像素的矩形,使用"渐变填充工具"调整颜色填充角度,如图5-3所示。

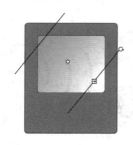

图 5-2　调整渐变填充角度　　　　图 5-3　绘制黑白径向渐变矩形

**5** 选中黑白径向渐变矩形,按住Alt键拖曳,向右侧复制两个矩形,如图5-4所示。按住Shift键单击,依次选中这3个矩形,打开"对齐"面板(见图5-5),单击"顶对齐"和"水平居中分布"按钮。在3个矩形均被选中的情况下,按住Alt键向下拖曳两次,再复制两组矩形,如图5-6所示。

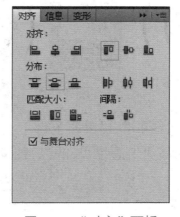

图 5-4　复制矩形　　　　图 5-5　"对齐"面板　　　　图 5-6　复制两组矩形

**6** 选择"矩形工具",设置笔触为无,填充颜色为黑色,矩形边角半径为20,单击"对象绘制"按钮,绘制一个圆角矩形作为天线。选择"修改"|"排列"|"下移一层"命令,将圆角矩形移至下一层,如图5-7所示。

图 5-7　绘制天线

**7** 选择"线条工具"，设置笔触为 10 像素，笔触颜色为黑色，按住 Shift 键和鼠标左键拖曳，在图形右侧绘制 3 条竖直线段。选择"选择工具"，将鼠标指针移动到线段上，当鼠标指针变为带弧箭头时，调整线段的弯曲度，制作出电波的效果，如图 5-8 所示。

图 5-8    绘制电波

**8** 选择"选择工具"，框选 3 条弧线，按住 Alt 键拖曳复制，在手机左侧复制出同样的 3 条弧线。选择"修改"|"变形"|"水平翻转"命令翻转弧线，完成卡通手机的绘制，如图 5-9 所示。

图 5-9    翻转弧线

**9** 按快捷键 Ctrl+S 保存文件，文件名为"卡通手机"，选择"文件"|"导出"|"导出图像 ( 旧版 )"命令，将其导出为"卡通手机 .jpg"图像文件。

🔔 **知识小贴士**

### 1. 选择工具

"选择工具"除了可以选择对象，也可以拖曳对象进行移动操作，还可以调整线段的形状，如图 5-10 所示。选择"选择工具"后，在"工具箱"面板底部会显示"贴紧至对象"、"平滑"和"伸直"按钮。

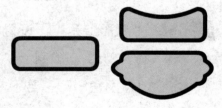

图 5-10    调整线段的形状

- "贴紧至对象"按钮：单击该按钮，在绘制或调整图像时会自动与当前图像距离近的图像定位在一起，这在绘制或调整封闭图形时非常有用。
- "平滑"按钮：可以对直线和端点进行平滑处理。
- "伸直"按钮：可以对直线和端点进行伸直处理。

**提个醒**：按住 Shift 键，依次单击所选对象，可以选中多个对象。在对象的填充区域内双击，可以同时选中轮廓和内部填充。

### 2. 部分选取工具

在选择"部分选取工具"后，对象的轮廓线上将出现多个控制点，或将其称为锚点，通过修改一个或多个控制点来修改整个对象的形状。

移动控制点：使用"部分选取工具"选中一个控制点，当鼠标指针变为空白方块时，拖曳控制点可以改变图形轮廓，如图5-11所示。

改变控制点曲度：在选择某个控制点后，按住Alt键拖曳，将出现此控制点调节曲度的控制柄，松开Alt键拖曳控制柄实现对该控制点曲度的调节，如图5-12所示。如果只想调整其中一个手柄，按住Alt键拖曳该手柄即可。

移动对象：使用"部分选取工具"，当鼠标指针变为黑色实心方块时，按住鼠标左键拖曳即可实现移动对象的操作，如图5-13所示。

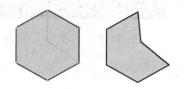 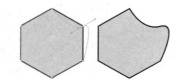 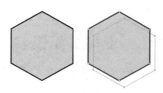

图5-11 移动控制点　　图5-12 改变控制点曲度　　图5-13 移动对象

### 3. 任意变形工具

"任意变形工具"用于将对象进行任意变形，实现移动、旋转、缩放、倾斜和扭曲等多种变形操作。也可以使用"变形"面板或执行"修改"|"变形"命令来实现相关操作。选中"任意变形工具"后，在"工具箱"面板底部会显示"贴紧至对象"、"旋转与倾斜"、"缩放"、"扭曲"和"封套"按钮，选中对象，对象四周会显示8个控制点，中心位置显示1个中心点，如图5-14所示。

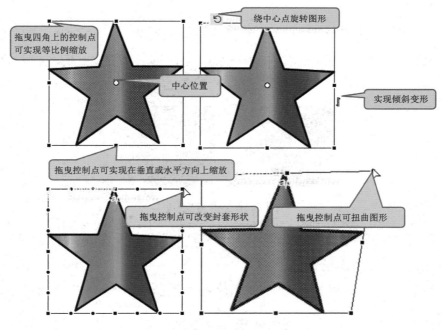

图5-14 任意变形控制点

- 旋转图形：以中心位置为轴心旋转图形对象。
- 倾斜图形：可以沿水平或垂直方向倾斜图形对象。
- 缩放图形：可以在水平或垂直方向缩放图形对象，或在水平和垂直方向上等比例缩放图形对象。
- 扭曲图形：可以通过拖曳边框上的控制点来扭曲图形对象，按住 Shift 键，当鼠标指针变为 时，可对图形对象进行锥化处理。
- 封套图形：可以对图形对象进行任意形状的修改。

"旋转与倾斜"和"缩放"按钮可应用于舞台中的所有图形对象，"扭曲"和"封套"按钮只适用于形状对象或分离后的图形对象。

图 5-15 "变形"面板

### 4. "变形"面板

"变形"面板可以将图形、组、文本及实例进行变形。选择"窗口"|"变形"命令，弹出"变形"面板，如图 5-15 所示。

- "缩放宽度"和"缩放高度"选项：用于设置图形的宽度和高度。
- "约束"按钮：用于约束宽度和高度，使图形能够成比例地变形。
- "旋转"选项：用于设置图形的角度。
- "倾斜"选项：用于设置图形的水平倾斜或垂直倾斜。
- "重置选区和变形"按钮：用于复制图形，并将变形设置应用给新图形。
- "取消变形"按钮：用于将图形的属性恢复到初始状态。

### 5. 排列对象

在同一图层中，绘制的图形会根据创建的顺序层叠对象，可以使用"修改"|"排列"命令对多个图形对象进行垂直排列，如图 5-16 所示，使用"修改"|"对齐"命令对多个图形对象进行水平排列。

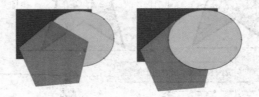

图 5-16 垂直排列

排列对象：在选中图形对象后，选择"修改"|"排列"菜单下的"上移一层"、"下移一层"、"移至底层"或"移至顶层"命令。

若要将椭圆形移至顶层，则选中椭圆形，选择"修改"|"排列"|"移至顶层"命令即可。

提个醒：在使用"排列"命令时，操作对象可以是绘制对象或元件，但对形状对象不适用。

### 6. "对齐"面板

"对齐"面板（见图 5-17）主要参数的含义如下。

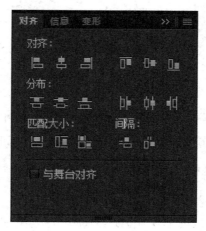

图 5-17　"对齐"面板

- "对齐"选项组：包括"左对齐"、"水平中齐"、"右对齐"、"上对齐"、"垂直中齐"和"底对齐"按钮，主要用来将对象水平、垂直、向上、向下、向左、向右对齐。
- "分布"选项组：包括"顶部分布"、"垂直居中分布"、"底部分布"、"左侧分布"、"水平居中分布"和"右侧分布"按钮，可以将所选对象按照中心间距或边缘间距相等的方式分布。
- "匹配大小"选项组：包括"匹配宽度"、"匹配高度"和"匹配宽和高"按钮，可以调整所选对象的大小，使所有对象的水平或垂直尺寸与所选对象中最大的对象的尺寸一致。
- "间隔"选项组：包括"垂直平均间隔"和"水平平均间隔"按钮，用于调整对象的间距。
- "与舞台对齐"复选框：使所选对象在进行对齐操作时参考舞台的尺寸大小。

### 7. 贴紧图形

如果要使图形对象彼此自动对齐，可以使用贴紧功能。Animate CC 2017 为贴紧对象提供了 5 种方式，即"贴紧至对象"、"贴紧至像素"、"贴紧至网格"、"贴紧至辅助线"和"贴紧对齐"。

- "贴紧至对象"选项：可以使对象沿着其他对象的边缘，直接和与它们对齐的对象贴紧。选择该命令后，当拖曳图形对象时，在鼠标指针下方会出现一个黑色小环，该图形对象处于另一个图形对象的贴紧距离内时，黑色小环会变大，放开鼠标左键即可和另一个图形对象边缘贴紧，如图 5-18 所示。
- "贴紧至像素"选项：可以在舞台上将图形对象直接与单独的像素或像素线条贴紧。显示网格，设置网格尺寸为 1 像素 ×1 像素，当在舞台上随意绘制矩形时，矩形的边缘会贴紧至网格线，如图 5-19 所示。

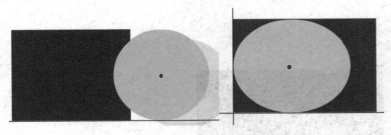
图 5-18　贴紧至对象

图 5-19　贴紧至像素

- "贴紧至网格"选项：使图形对象的边缘和最邻近的网格线贴紧。
- "贴紧至辅助线"选项：可以使图形对象中心和辅助线贴紧。当拖曳图形对象时，鼠标指针下方会出现一个黑色小环，当图形对象中的小环接近辅助线时，小环会变大，松开鼠标左键图形对象即可和辅助线贴紧。
- "贴紧对齐"选项：可以按照指定的贴紧对齐容差对齐，即按照图形对象和其他对象之间的预设边界或图形对象与舞台边缘的预设边界对齐。

# 案例 6　绘制五色花

使用"多角星形工具"和"变形"面板绘制五色花，效果如图 6-0 所示。

图 6-0　五色花

## 实 训 步 骤

1 新建 ActionScript 3.0 文档，设置文档大小为宽 550 像素、高 400 像素。

2 选择"多角星形工具"，在"属性"面板中设置笔触颜色为无，填充颜色为 #CCFF33，单击"工具设置"选项组中的"选项"按钮，打开"工具设置"对话框（见图 6-1），选择"样式"为"星形"，设置"边数"为 12，在舞台中心绘制一个十二边形，如图 6-2 所示。

图 6-1　"工具设置"对话框　　　　　　　　　　　图 6-2　绘制十二边形

3　使用"选择工具"选择十二边形，打开"变形"面板（见图 6-3），单击底部的"重置选区和变形"按钮，复制一份十二边形，并设置旋转角度为 12°，垂直与水平方向同时缩放 90%。完成以上操作后设置其填充颜色为红色（#FF0000），如图 6-4 所示。

图 6-3　"变形"面板　　　　　　　　　　　　图 6-4　设置红色十二边形

4　在选中红色十二边形的情况下，再次单击"重置选区和变形"按钮，复制一份十二边形，"变形"面板中的"旋转和变形"参数会根据设置自动改变参数值，只需要设置填充颜色为绿色（#00FF00），如图 6-5 所示。

5　在选中绿色十二边形的情况下，再次单击"重置选区和变形"按钮，复制一份十二边形，设置填充颜色为青色（#00FFFF），如图 6-6 所示。

6　在选中青色十二边形的情况下，再次单击"重置选区和变形"按钮，复制一份十二边形，设置填充颜色为紫色（#FF00FF），如图 6-7 所示。

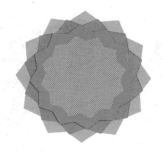

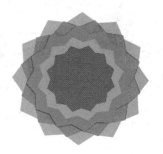

图 6-5　设置绿色十二边形　　　　图 6-6　设置青色十二边形　　　　图 6-7　设置紫色十二边形

**7** 按快捷键 Ctrl+S，打开 "另存为" 对话框保存文件，文件名为 "五色花"，并导出为 "五色花 .jpg" 文件。

🔔 知识小贴士

### 1. "变形" 面板中的参数

通过设置 "变形" 面板中的各项参数，可以精确地进行缩放对象、旋转对象、倾斜对象和翻转对象等操作。

（1）缩放对象：打开 "变形" 面板，或按快捷键 Ctrl+T，设置缩放高度和缩放宽度，默认按等比例缩放对象。单击 "约束" 按钮，则不按缩放比例进行缩放。

（2）旋转对象：使对象围绕其变形中心点旋转，可以拖曳改变变形中心点的位置。

（3）倾斜和翻转对象：可以沿一个或两个轴倾斜对象，使之变形，也可以沿垂直或水平轴翻转对象，但不改变其在舞台上的相对位置。

（4）重置选区和变形：可以实现复制对象操作。

### 2. 两种绘图模式

在 Animate CC 2017 中绘制图形，主要有两种方式：合并绘制和对象绘制。

（1）合并绘制：在合并绘制模式下绘制的图形，笔触和填充均作为独立的部分存在，可以单独选择笔触和填充将对象进行变形修改。在 Animate CC 2017 中的同一图层上，对同种颜色图形进行重叠绘制时，所绘制的图形对象将自动合并，不同颜色图形重叠时会进行裁剪，如图 6-8 所示。

（2）对象绘制：在对象绘制模式下，可以将多个图形绘制成独立的对象，这些对象在重叠时不会自动合并，而且可以对每个对象单独地进行处理，如图 6-9 所示。使用这种绘图方式，需要在启用绘图工具之后，在 "工具箱" 面板中单击 "对象绘制" 按钮，对于绘制的图形，Animate CC 2017 会在该图形周围添加矩形边框。

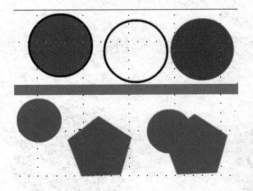

图 6-8　合并绘制

图 6-9　对象绘制

### 3. 对象的合并

（1）联合：联合是将选中的对象合并为一个对象，在对象绘制模式下绘制重叠放置的正圆形和五角星形。选中这两个图形，选择"修改"|"合并对象"|"联合"命令，则选中的图形变为一个图形对象，如图6-10所示。"联合"命令也可以实现将合并绘制模式下的图形转化为对象绘制模式下的图形对象。方法是选择在合并绘制模式下创建的图形，如下面的正圆形，执行"联合"命令后将图形转化为对象绘制模式下的图形对象，如图6-11所示。

图 6-10 联合

图 6-11 将图形转化为图形对象

（2）交集：当两个绘制对象的图形有重叠时，交集是把两个对象的重叠部分保留，其余部分裁剪掉，此时留下的是位于上层的图形。例如，选择叠放在舞台上的五角星形和正圆形，选择"修改"|"合并对象"|"交集"命令，此时重叠部分五角星形被保留，除五角星形之外的部分均被裁剪，如图6-12所示。

（3）打孔：当两个绘制对象的图形有重叠时，打孔是使用位于上层的图形去裁剪位于下层的图形，此时保留的是位于下层的图形。选中叠放在舞台上的五角星形和正圆形，选择"修改"|"合并对象"|"打孔"命令，此时上层的五角星形消失，下层的正圆形被保留，且正圆形与五角星形的重叠部分被裁剪，如图6-13所示。

图 6-12 交集

图 6-13 打孔

（4）裁剪：裁剪与交集正好相反，当两个绘制对象的图形有重叠时，裁剪是使用位于上层的图形去裁剪位于下层的图形，多余部分被裁剪，留下的是位于下层的图形，选中叠放在舞台上的五角星形和正圆形，选择"修改"|"合并对象"|"裁剪"命令，此时正圆形与五

角星形的重叠部分被保留，得到一个与正圆形颜色相同的五角星形，如图 6-14 所示。

图 6-14　裁剪

### 4. 对象的组合

（1）组合对象：将多个元素组合为一个对象组后，可以像操作一个对象一样操作这个对象组。若要进行图形的组合，则首先选择需要组合的对象，这些对象可以是图形、文本或其他对象，选择"修改"|"组合"命令或按快捷键 Ctrl+G，即可将选择的对象组合为一个对象组，如图 6-15 所示。

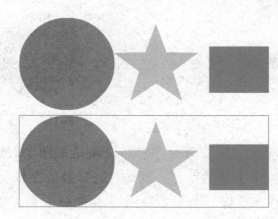

图 6-15　对象的组合

（2）取消组合：选中组合后的对象组，选择"修改"|"取消组合"命令或按快捷键 Ctrl+Shift+G 取消对象的组合，将这个对象组变为组合前的状态。

（3）编辑组中的对象：选中要编辑的对象组，选择"编辑"|"编辑所选项目"命令，或使用"选择"工具双击该对象组，进入编辑状态，单独编辑组中的对象。

> **提个醒：** 在进行此项操作的过程中，页面上不属于该对象组的部分将变暗，表明不属于该对象组的元素目前是不可访问的。

### 5. 对象的分离

在 Animate CC 2017 中，可以使用"分离"命令将对象组、图形、文本、实例和导入的位图分离成单独的矢量对象。通过对位图执行分离操作，可以使位图转换为图形对象。通过对实例执行分离操作，可以消除其与元件之间的关联性。通过对导入的位图执行分离操作，可以减小位图文件的体积。选中需要分离的对象组、位图或实例，选择"修改"|"分离"命

令或按快捷键 Ctrl+B，即可完成分离操作。将对象组分离为形状对象，需要连续按两次快捷键 Ctrl+B，如图 6-16 所示。

图 6-16 对象的分离

> 提个醒：分离对象操作会对对象产生以下影响。切断实例与库中元件的链接；分离位图图像将使位图图像中的像素变为各个分散的区域，可以对各区域单独选择和修改；在分离文本时，第一次分离会将文本分离成若干个含有单个文字的文本，再次分离，会将单个文字分离成形状对象。
>
> "分离"命令与"取消组合"命令的区别。"分离"命令不只会分离对象组，当执行多次"分离"命令后，会将图像、实例及文本分离成形状对象；"取消组合"命令只能分开组合后的对象，各对象本身不受影响。

## 实训拓展

### 一、基础知识练习

1. （　　）工具除了可以选择对象，也可以拖曳对象进行移动操作，还可以调整线段的形状。

2. 按住（　　）键，依次单击所选对象，可以选中多个对象。

3. 在选择（　　）工具后，对象的轮廓线上将出现多个控制点，或将其称为锚点，通过修改一个或多个控制点来修改整个对象的形状。

4. 要改变控制点曲度，在选择某个控制点后，按住（　　）键，将出现此控制点调节曲度的控制柄，按住鼠标左键拖曳控制柄，实现对该控制点的曲度调节。

5. （　　）工具用于将对象进行任意变形，实现移动、旋转、缩放、倾斜和扭曲等多种变形操作。

6. 在使用"排列"命令时，操作对象可以是绘制对象或元件，但对（　　）对象不适用。

7. 打开"变形"面板的快捷键为（　　）。

8. 要切断实例与元件的链接，可以使用（　　）命令。

　　A. 分离　　　　　　B. 打断　　　　　　C. 组合　　　　　　D. 取消组合

9. 要将文字分离为形状对象，需要按两次快捷键（    ）。

    A. Ctrl+A          B. Ctrl+B          C. Ctrl+C          D. Ctrl+D

10. （    ）是使用位于上层的图形去裁剪位于下层的图形，多余部分被裁剪，留下的是位于下层的图形。

    A. 裁剪            B. 打孔            C. 交集            D. 联合

## 二、技能操作练习

1. 使用绘图工具箱中的工具制作五个"必由之路"宣传海报，如图 6-17 所示。

2. 使用绘图工具箱中的工具绘制螃蟹，如图 6-18 所示。

图 6-17　五个"必由之路"宣传海报          图 6-18　螃蟹

3. 使用绘图工具箱中的工具绘制卡通吉祥物"宸宸"，如图 6-19 所示。

4. 使用绘图工具箱中的工具绘制羽毛球，如图 6-20 所示。

5. 使用绘图工具箱中的工具绘制北斗导航卫星，如图 6-21 所示。

  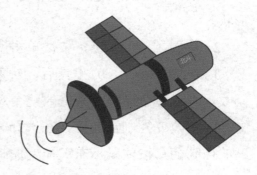

图 6-19　卡通吉祥物"宸宸"      图 6-20　羽毛球         图 6-21　北斗导航卫星

# 项目五

## 文本工具的使用

在进行动画作品制作时，适时使用文字可以更清楚地表现作品的创作内容，创建和编辑文本可以使用"文本工具"来实现。Animate CC 2017 可以创建 3 种类型的文本对象，分别为静态文本、动态文本和输入文本。本项目的学习目标如下。

**知识目标：**

- 了解文本的类型。
- 掌握创建文本的方法。
- 掌握文本编辑操作的方法，包括设置文本的属性，对文本进行选择、分离、添加滤镜效果等。

**技能目标：**

- 熟练使用"文本工具"制作文本，并通过"属性"面板对文本进行设置。
- 能够独立设计不同风格的文本效果。
- 创作简单的文字海报。

**素养目标：**

- 让社会主义核心价值观入脑、入心、入生活。
- 培养学生爱国、爱党、爱社会主义的情怀。
- 培养学生的奋斗精神，展现新时代青年有担当、有作为的精神风貌。

## 案例 7　制作"社会主义核心价值观"宣传海报

党的二十大报告指出，要"广泛践行社会主义核心价值观。社会主义核心价值观是凝聚人心、汇聚民力的强大力量"。本案例使用"文本工具"、"矩形工具"和"多角星形工具"制作一张"社会主义核心价值观"宣传海报（见图 7-0），激发学生爱国、爱党、爱社会主义的情怀。

图 7-0　"社会主义核心价值观"宣传海报

1　新建 ActionScript 3.0 文档，设置文档大小为宽 400 像素、高 600 像素。

2　在图层 1 上使用"矩形工具"绘制一个矩形，在"属性"面板中设置笔触颜色为无，填充颜色为线性渐变，左侧颜色为 #E57F1B，右侧颜色为 #F3BB8E。选择"渐变变形工具"，将鼠标指针移动到填充上单击，选择右上角的旋转控制点逆时针旋转 90°，调整线性填充角度。使用"选择工具"选择矩形，在"属性"面板中设置位置和大小的参数值，"X"和"Y"均为 0 像素，解除宽高约束比，设置"宽"为 400 像素、"高"为 600 像素，并锁定图层，如图 7-1 所示。

图 7-1　绘制矩形

3 新建图层 2，选择"文本工具"，在"属性"面板（见图 7-2）中设置"文本类型"为"静态文本"，"文本方向"为"水平"，"系列"为"华文新魏"，"大小"为 35磅，"颜色"为红色，按住鼠标左键在舞台上拖曳出一个矩形框，并输入"社会主义核心价值观"。双击文本框右上角的空心矩形，使其变为空心正圆形，文本框将自动按文字大小调整，如图 7-3 所示。

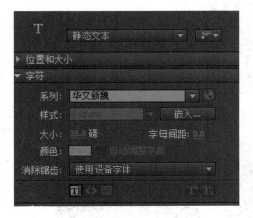

图 7-2 "文本工具"的"属性"面板

图 7-3 输入顶部文字内容

使用"选择工具"选中文本框，在"对齐"面板中勾选"与舞台对齐"复选框，单击"水平中齐"按钮，将文本框设置为居中对齐，如图 7-4 所示。

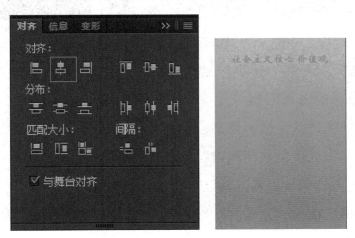

图 7-4 设置文本对齐

4 选择"文本工具"，设置"系列"为"Bernard MT Condensed"，"颜色"为红色，"大小"为 20 磅，输入"The core socialist values"，在"对齐"面板中勾选"与舞台对齐"复选框，将文本框设置为居中对齐，如图 7-5 所示。

5 选择"文本工具"，设置"系列"为"微软雅黑"，"颜色"为红色，"大小"为 25 磅，输入"国家层面"。使用"选择工具"，按住 Alt 键向下拖曳复制两个"国家层面"文本，分别修改文本内容为"社会层面"和"公民层面"。使用"选择工具"，选中三个文本框，在"对齐"面板中取消勾选"与舞台对齐"复选框，单击"左对齐"和"垂直平均间隔"按钮，如图 7-6 所示。

图 7-5　输入英文内容

图 7-6　输入三个层面文本

**6** 选择"文本工具"，设置"系列"为"微软雅黑"，"颜色"为红色，"大小"为 18 磅，输入"富强民主文明和谐"，双击文本框右上角的空心矩形，使其变为空心圆形。通过在文本框中插入空格调整文字之间的距离。使用"选择工具"，按住 Alt 键向下拖曳复制两个"富强民主文明和谐"文本，分别修改为"自由平等公正法治"和"爱国敬业诚信友善"。使用"选择工具"选中三个文本框，在"对齐"面板中取消勾选"与舞台对齐"复选框，单击"左对齐"和"垂直平均间隔"按钮，如图 7-7 所示。

图 7-7　输入社会主义核心价值观内容

**7** 选择 "文本工具"，设置 "文本类型" 为 "静态文本"，"文本方向" 为 "水平"，"系列" 为 "华文新魏"，"大小" 为 25 磅，"颜色" 为红色，按住鼠标左键在舞台左下角拖曳出一个矩形框，并输入 "我学习我践行"。再次选择 "文本工具"，设置 "系列" 为 "Bernard MT Condensed"，"颜色" 为红色，"大小" 为 20 磅，输入 "I LEARN TO PRACTICE"，双击文本框右上角的空心矩形，使其变为空心圆形，调整文本框之间的距离，如图 7-8 所示。

图 7-8　输入底部文字内容

**8** 新建图层 3，选择 "多角星形工具"，在 "属性" 面板中设置笔触颜色为无，填充颜色为红色，单击 "工具设置" 选项组下的 "选项" 按钮，打开 "工具设置" 对话框，在该对话框中设置 "样式" 为 "星形"，"边数" 为 5，"星形顶点大小" 为 0.5，绘制一个红色五角星。使用 "选择工具" 选中五角星，按住 Alt 键，拖曳复制两个红色五角星，使用 "变形" 面板调整所复制五角星的大小和旋转角度，如图 7-9 所示。

图 7-9　绘制五角星

**9** 给文字添加滤镜效果。使用 "选择" 工具，选中 "社会主义核心价值观"，单击 "属性" 面板中 "滤镜" 选项组下的 "添加滤镜" 下拉按钮，设置滤镜效果为 "投影"，"模糊 X" 和 "模糊 Y" 为 0 像素，如图 7-10 所示。

**10** 选中"国家层面",设置滤镜效果为"发光","模糊 X"和"模糊 Y"为 5 像素,"颜色"为黄色,如图 7-11 所示。在"发光"滤镜效果下单击右侧的"选项"下拉按钮,选择"复制选定的滤镜"选项。选中"社会层面",在右侧的"选项"下拉按钮中选择"粘贴滤镜"选项,经过以上操作滤镜效果就可以应用到相应的文本上了,依次操作,将其他文本也应用滤镜效果,如图 7-12 所示。

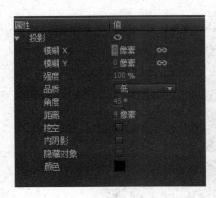

图 7-10　添加"投影"滤镜效果

图 7-11　添加"发光"滤镜效果

图 7-12　复制与粘贴滤镜效果

**11** 按快捷键 Ctrl+S,打开"另存为"对话框保存文件,文件名为"社会主义核心价值观海报",并导出为"社会主义核心价值观海报 .jpg"图像文件。

## 1. 文本工具

使用"文本工具"可以创建3种类型的文本对象，分别为静态文本、动态文本和输入文本。

（1）静态文本：用于显示不会动态更改字符的文本，它在影片制作过程中常被用作说明性文字。静态文本包括可扩展文本块和固定文本块。固定文本块是指当输入的文字长度达到文本框的宽度后，将自动进行换行。可扩展文本块是指文本框的宽度无限，会随着文字的输入来扩展文本框的宽度。

（2）动态文本：用于显示动态更新的文本，可以随着影片的播放自动更新数据。

（3）输入文本：指用户输入的任何文本或可以编辑的动态文本。该类型文本对象在影片播放过程中常被用于在用户和动画之间产生互动，如在表单中输入用户姓名等信息。

## 2. 创建静态文本

选择"文本工具"，当鼠标指针变为右下角带有 T 形状时，在舞台中的任意位置单击即可创建一个可扩展的静态水平文本框，其输入区域可随需要自动横向延长，该文本框右上角的标志为空心正圆形。如果选择"文本工具"后，立即按住鼠标左键在舞台中拖曳，则可以创建一个具有固定宽度的静态水平文本框，该文本框右上角具有方形手柄标识，其输入区域的宽度固定，当输入文本的长度超出宽度时，将自动换行。

## 3. 文本属性设置

用户可以通过"文本工具"的"属性"面板对文本的字体和段落属性进行设置。

（1）设置字符属性：在"属性"面板的"字符"选项组中，可以设置选定文本字符的字体、大小和颜色等。

- 系列：设置文本的字体。
- 样式：设置文本的字体样式，如加粗、倾斜等。
- 大小：设置文本的字号大小。
- 颜色：设置文本的字体颜色。
- 字母间距：设置文本的字符间距。
- 自动调整字距：系统会自动调整文本内容的合适间距。

**提个醒**：在设置文本颜色时只能使用纯色，而不能使用渐变色。如果要对文本应用渐变色，则必须对文本进行两次分离，将其转换为形状对象。

（2）设置段落属性：在"属性"面板的"段落"选项组中，可以设置对齐方式、边距、缩进和行距等。

- 格式：设置段落文本的对齐方式。

- 间距：设置段落边界和首行开头之间的距离，以及段落中相邻行之间的距离。
- 边距：设置文本框的边框和文本段落之间的间隔。

（3）设置文本方向：使用"属性"面板中的"改变文本方向"下拉按钮，可以调整文本的方向，如图 7-13 所示。单击"改变文本方向"下拉按钮，在弹出的下拉列表中列出了 3 种排列选项。

- 水平：指正常的输入，文字从左向右进行排列。
- 垂直：指文字从右向左垂直排列。
- 垂直，从左向右：指文字从左向右垂直排列。

图 7-13　设置文本方向

### 4. 选择文本

在工具箱中选择"文本工具"后，可通过以下方式选择文本对象。

（1）将鼠标指针移动到需要选择的文本上，按住鼠标左键并向左或向右拖曳，可以选择文本框中部分或全部的文本对象。

（2）在文本框中单击文本的开始位置，之后按住 Shift 键单击所选文本的结束位置，可以选择开始位置和结束位置之间的所有文本对象。

（3）按快捷键 Ctrl+A 可以选择文本框中的所有文本对象。

### 5. 分离文本

在选中文本后，选择"修改"|"分离"命令，将文本分离一次可以使其中的文字成为多个单字符，分离两次可以使其成为形状对象。文本一旦被分离为形状对象就不再具有文本的属性，而是拥有了形状对象的属性，可以应用渐变填充或位图填充。分离后的文本也可以使用"选择工具""部分选取工具"等进行变形操作，制作特效文本，如图 7-14 所示。

图 7-14　特效文本

### 6. 滤镜文本

使用滤镜可以制作出绚丽的文字效果。为文本添加滤镜时，首先选中文本，然后单击"属性"面板中"滤镜"选项组下的"添加滤镜"下拉按钮，如图7-15所示，有"投影"、"模糊"、"发光"、"斜角"、"渐变发光"、"渐变斜角"和"调整颜色"7种滤镜效果可供选择。对同一对象可使用一种或多种滤镜效果，制作更加丰富多彩的文字效果。

图 7-15　滤镜效果

**实训拓展**

## 一、基础知识练习

1. 在 Animate CC 2017 中，文本类型分为（　　　）、动态文本和输入文本。

2. （　　　）用于显示不会动态更改字符的文本，它在影片制作过程中常被用作说明性文字。

3. （　　　）指用户输入的任何文本或可以编辑的动态文本。

4. 可扩展的静态水平文本框，其输入区域可随需要自动横向延长，文本框右上角标志为（　　　）。

5. 如果要对文本应用渐变色，则必须对文本进行两次分离，将其转换为（　　　）。

6. 在"属性"面板的"字符"选项组中，（　　　）用来设置文本的字体样式，如加粗、倾斜等。

　　A. 系列　　　　　　B. 样式　　　　　　C. 大小　　　　　　D. 颜色

7. 在"属性"面板的"段落"选项组中，（　　　）用来设置文本框的边框和文本段落之间的间隔。

　　A. 格式　　　　　　B. 间距　　　　　　C. 边距　　　　　　D. 行距

8. （　　）文本方向指文字从右向左垂直排列。

    A. 水平           B. 垂直               C. 垂直，从左向右   D. 垂直，从右向左

9. 在"工具箱"面板中选择"文本工具"后，按快捷键（　　）可以选择文本框中的所有文本对象。

    A. Ctrl+A        B. Ctrl+B          C. Ctrl+C         D. Ctrl+V

10. 选择"修改"|"分离"命令，将文本分离（　　）次可以使其中的文字成为多个单字符。

    A. 4            B. 3               C. 2             D. 1

## 二、技能操作练习

1. 为文字添加"渐变斜角"和"发光"滤镜，制作多彩的文字效果，如图 7-16 所示。

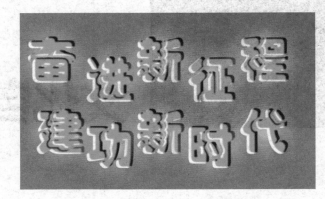

图 7-16　文字效果

2. 将文字分离，制作文字变形效果，并设置笔触颜色为彩色渐变颜色，如图 7-17 所示。

图 7-17　文字变形效果

3. 制作彩色文字效果，如图 7-18 所示。

图 7-18　彩色文字效果

# 项目六

# 元件、实例和库

在 Animate CC 2017 中，元件是构成动画的基础，包括图形元件、影片剪辑元件和按钮元件。创建的任何元件都会成为当前文档的库的一部分，并且能够被重复使用。元件的使用不仅能减小文档的体积，还能实现在不同文档之间共享元件。本项目我们来学习如何创建与使用元件，并灵活地运用库与相关资源来创作动画作品。本项目的学习目标如下。

知识目标：

- 掌握元件的概念。
- 掌握元件创建与使用的方法。
- 熟练掌握库的使用方法。
- 掌握元件与实例的关系。

技能目标：

- 能够熟练制作并使用图形元件、影片剪辑元件和按钮元件。
- 能够创新设计场景和角色对象。
- 能够使用按钮元件设计动画。

素养目标：

- 培养学生精益求精、一丝不苟的工匠精神。
- 培育学生的绿色发展理念，强化其生态环境保护意识。
- 提高学生的审美力和人文精神素养。

## 案例 8  绘制"春天的大树"

党的二十大报告指出，我们坚持绿水青山就是金山银山的理念，坚持山水林田湖草沙一体化保护和系统治理，全方位、全地域、全过程加强生态环境保护，生态文明制度体系更加健全，污染防治攻坚向纵深推进，绿色、循环、低碳发展迈出坚实步伐，生态环境保护发生历史性、转折性、全局性变化，我们的祖国天更蓝、山更绿、水更清。使用前面所学的"椭圆工具"、"矩形工具"和"钢笔工具"，并结合元件相关知识绘制"春天的大树"，效果如图 8-0 所示。

图 8-0  春天的大树

实 训 步 骤

**1** 新建 ActionScript 3.0 文档，设置文档大小为宽 550 像素、高 400 像素。

**2** 在图层 1 上双击，重命名为"草地"。选择"钢笔工具"，在"属性"面板中设置填充颜色为 #339933，绘制草地，如图 8-1 所示。

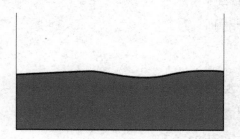

图 8-1  绘制草地

**3** 新建图层 2，重命名为"蓝天"。选择"矩形工具"，设置笔触颜色为无，填充颜色为由 #1A71D0 到 #FFFFFF 的渐变色，绘制矩形，使用"渐变变形工具"设置线性填充角度，实现从蓝色到白色的渐变效果。在"属性"面板中设置矩形的"宽"为 550 像素、"高"为 210 像素，"X"和"Y"均为 0 像素，如图 8-2 所示。

图 8-2　绘制蓝天

**4** 新建图层 3，重命名为"大树"，选择"插入"|"新建元件"命令或按快捷键 Ctrl+F8，打开"创建新元件"对话框，设置"名称"为"大树"，"类型"为"图形"，单击"确定"按钮，进入"大树"图形元件的编辑状态。进入场景 1，选择"大树"图层的第一帧，打开"库"面板或按快捷键 Ctrl+L，把库中新建的"大树"图形元件拖曳到舞台中。双击舞台上的"大树"实例，进入新建"大树"图形元件的编辑状态，如图 8-3 所示。

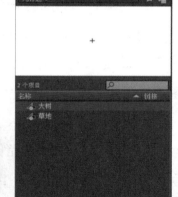

图 8-3　新建"大树"图形元件

**5** 选择"矩形工具"，设置笔触颜色为无，填充颜色为 #663300，绘制一个宽为 40 像素、高为 200 像素的矩形作为树干。随后绘制一个宽为 100 像素、高为 20 像素的小矩形，选中小矩形，按住 Alt 键向下拖曳多次复制，如图 8-4 所示。

图 8-4　绘制树干

6 使用"任意变形工具"调整小矩形的角度和位置，绘制树木分枝，如图 8-5 所示。

图 8-5　绘制树木分枝

7 创建"树叶"图形元件。按快捷键 Ctrl+F8，打开"创建新元件"对话框，新建一个名为"树叶"的图形元件。选择"椭圆工具"，设置笔触颜色为无，填充颜色为 #00CC00，绘制树叶。选择"线条工具"，设置笔触颜色为黑色，笔触为 2 像素，绘制叶脉，如图 8-6 所示。

8 创建"树枝"图形元件。按快捷键 Ctrl+F8，打开"创建新元件"对话框，新建一个名为"树枝"的图形元件。选择"线条工具"，设置笔触颜色为 #663300，笔触为 10 像素，

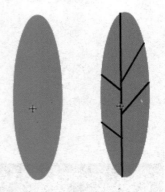

图 8-6　绘制树叶

绘制一条线段。使用"选择工具"调整线段的弧度，按快捷键 Ctrl+L 打开"库"面板，将库中的"树叶"图形元件拖曳到线段上。使用"任意变形工具"调整"树叶"实例的旋转角度和大小。重复拖曳及调整操作，在树枝上多次添加"树叶"实例，如图 8-7 所示。

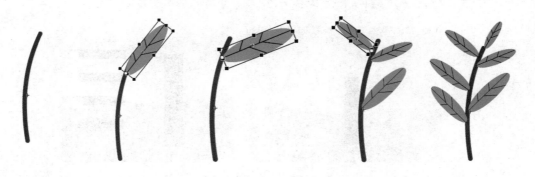

图 8-7　绘制树枝

**9** 打开"库"面板,双击"大树"图形元件,将"树枝"和"树叶"实例拖曳到"大树"实例上。使用"任意变形工具"调整实例的大小和旋转角度,如图 8-8 所示。

图 8-8　组合树枝和树干

**10** 返回场景 1,调整"大树"实例的大小和位置。经过以上操作,"春天的大树"就绘制完成了,保存文件,文件名为"春天的大树",并导出为"春天的大树 .jpg"图像文件。

知识小贴士

### 1. 元件的类型

元件是一种比较独特的、可重复使用的对象,用户创建元件后,可在整个文档或其他文档中重复使用该元件,这样可以极大地减小文档的大小。在 Animate CC 2017 中,元件分为 3 种类型:图形元件、影片剪辑元件和按钮元件。

(1)图形元件:对静态图像可以使用图形元件。图形元件与影片的时间轴同步运行,可以创建动画,但不具有交互性,无法像影片剪辑元件那样添加滤镜效果和声音。

(2)影片剪辑元件:实际上是可重复使用的动画片段,拥有相对于主时间轴独立的时间轴,也拥有对于舞台的主坐标系独立的坐标系。影片剪辑元件是一个容器,可以包含一切素材,如按钮、声音、图片和图形等,甚至是其他的影片剪辑元件。同时,在影片剪辑元件中可以通过添加动作脚本来实现交互和复杂的动画操作。通过对影片剪辑元件添加滤镜或设置混合模式,可以创建复杂的动画效果。在影片剪辑元件中,动画可以自动循环播放,也可以使用脚本语言来控制影片的播放。

(3)按钮元件:可以在动画中创建交互按钮,一个按钮元件有 4 种状态,包括弹起、指针经过、按下和点击。每种状态上都可以创建不同的内容,从而构成一个简单的交互动画,同时使用代码控制按钮,实现强大的交互动画。

- 弹起:该帧代表在指针没有经过按钮元件时,该按钮的状态。
- 指针经过:该帧代表当指针滑过按钮元件时,该按钮的外观。
- 按下:该帧代表单击按钮元件时,该按钮的外观。
- 点击:该帧用于定义响应鼠标单击时的区域,此区域在 SWF 文件中是不可见的。

## 2. 创建元件

创建元件的方法主要有两种：一种是直接新建一个空元件，之后在元件编辑模式下创建元件内容；另一种是将舞台中的某个元素转换为元件。

（1）新建元件：选择"插入"|"新建元件"命令，或按快捷键 Ctrl+F8，打开"创建新元件"对话框。

（2）转换为元件：选中舞台上的元素，选择"修改"|"转换为元件"命令或按 F8 键，将当前元素转换为元件。

## 3. 库

库用于存放动画元素，可以存储和管理用户创建的各种类型的元件，同时也可以存储导入的声音、图像、视频及其他可用文件，打开库的快捷键为 Ctrl+L。库就像一个仓库，在制作动画时，只需要从这个仓库中将需要的"物品"取出，并应用到动画中。使用库能够省略很多重复的操作，为创作者带来了极大的便利。另外，在不同的文档之间可以共享各自库中的资源。

## 4. 实例

实例是元件在舞台中的具体表现，创建实例的过程就是将元件从"库"面板中拖曳到舞台上，用户可以根据需要对创建的实例进行修改。在通常情况下，实例的类型与元件的类型相同，除非另外指定。对实例所做的更改只能影响实例，不能影响元件，但对元件所做的更改会影响动画中所有与该元件有关联的实例。

# 案例 9 　制作花朵缩放效果与变色按钮

制作一个影片剪辑元件，实现花朵动态缩放效果，同时制作一个按钮元件，实现动态变色效果，如图 9-0 所示。

图 9-0　花朵缩放效果与变色按钮

**实 训 步 骤**

**1** 新建 ActionScript 3.0 文档，设置文档大小为宽 550 像素、高 400 像素，舞台颜色为 #FFCC33。

**2** 选择"插入"|"新建元件"命令或按快捷键 Ctrl+F8，打开"创建新元件"对话框。设置"名称"为"花"，"类型"为"图形"，单击"确定"按钮，进入"花"图形元件的编辑状态，如图 9-1 所示。

图 9-1　创建"花"图形元件

**3** 选择"椭圆工具"，在"属性"面板中设置笔触颜色为无，填充颜色为 #FF00FF，绘制一个宽为 30 像素、高为 100 像素的椭圆形，使用"任意变形工具"，将变形中心点的位置调整到椭圆形底部。打开"变形"面板，约束宽高比，设置旋转角度为 30°，多次选择"重置选区和变形"命令，制作花朵形状。选择"椭圆工具"，设置笔触颜色为无，填充颜色为 #FFFF00，将鼠标指针移动到花朵的中心位置，按住快捷键 Alt+Shift，绘制一个黄色正圆形作为花蕊，如图 9-2 所示。

图 9-2　使用"任意变形工具"制作花朵

**4** 选择"插入"|"新建元件"命令或按快捷键 Ctrl+F8，打开"创建新元件"对话框，设置"名称"为"花缩放"，"类型"为"影片剪辑"，单击"确定"按钮，进入"花缩放"影片剪辑元件的编辑状态。选择图层 1 的第 1 帧，打开"库"面板，将"花"图形元件的中心点与编辑窗口的中心点坐标对齐，如图 9-3 所示。选择第 3 帧右击，在快捷菜单中选择"插入关键帧"命令或按 F6 键插入关键帧，打开"变形"面板，设置缩放比例为 60%。选择第 5 帧，按 F6 键插入关键帧，打开"变形"面板，设置缩放比例为 100%。

图 9-3　调整"花"图形元件的中心点位置

**5** 返回场景 1，打开"库"面板将"花缩放"影片剪辑元件拖曳到舞台中，选择"控制"|"测试"命令测试场景，或按快捷键 Ctrl+Enter 测试影片播放效果，在屏幕中可以看到一朵忽大忽小的花朵动画，如图 9-4 所示。

图 9-4　"花缩放"影片剪辑元件

**6** 下面制作"点点我"按钮元件，按快捷键 Ctrl+F8 打开"创建新元件"对话框，设置名称为"点点我"，类型为"按钮"，单击"确定"按钮，进入按钮元件的编辑状态。按钮元件有 4 种编辑状态，即"弹起"、"指针经过"、"按下"和"点击"。在"弹起"状态下，选择"椭圆工具"，设置笔触颜色为无，填充颜色为"默认色板"底部的绿色渐变。将鼠标指针移动到编辑窗口的中心位置，按快捷键 Alt+Shift 绘制一个正圆形，设置其宽、高均为 60 像素，如图 9-5 所示。

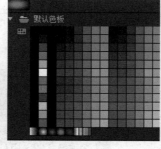

图 9-5　制作"点点我"按钮元件

**7** 分别在"指针经过"、"按下"和"点击"状态所对应的帧上按 F6 键插入关键帧。设置"指针经过"状态上正圆形的颜色为红色渐变，"按下"状态上正圆形的颜色为蓝色渐变，在不同的状态帧上改变按钮元件的颜色，如图 9-6 所示。

**8** 新建图层 2，重命名为"文字"，选择"文字"图层的第 1 帧，选择"文本工具"，在"属性"面板中设置"系列"为"华文琥珀"，"大小"为 18 磅，"颜色"为红色，并输入静态文本"点点我"，如图 9-7 所示。

图 9-6　改变按钮元件的颜色　　　　　　　图 9-7　输入静态文本

**9** 返回场景 1，打开"库"面板，将"点点我"按钮元件拖曳到舞台右下角，这样实例就完成了。按快捷键 Ctrl+Enter 测试场景，当把鼠标指针移动到"点点我"按钮元件上或单击该按钮时，就会出现颜色变化。保存文件为"花缩放与变色按钮"，选择"文件" | "发布设置"命令，打开"发布设置"对话框，如图 9-8 所示，在"发布"选项组中勾选"Flash(.swf)"复选框，在"输出名称"文本框中输入文件名称"花缩放与变色按钮"，单击文本框右侧的"发布目标"按钮设置文件保存位置，单击"发布"按钮。

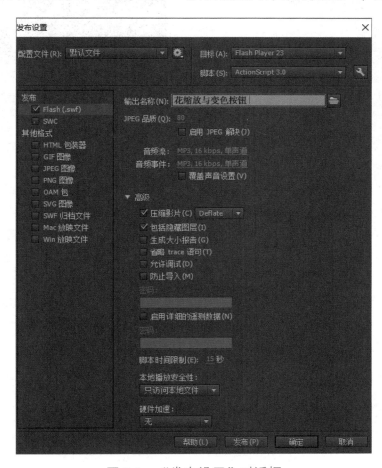

图 9-8 "发布设置"对话框

### 知识小贴士

#### 1. 编辑元件

Animate CC 2017 提供了 3 种编辑元件的方式，即在当前位置编辑元件、在新窗口中编辑元件和在元件编辑模式下编辑元件。

（1）在当前位置编辑元件：在舞台中选择元件的实例，选择"编辑" | "在当前位置编辑"命令，或在舞台上双击该元件的任意一个实例，在当前位置编辑该元件。此时，其他对象显示为灰色，这样有利于和正在编辑的元件做出区分。同时，正在编辑的元件名称会显示在舞

台上方的标题栏中，位于场景名称右侧，如图 9-9 所示。

（2）在新窗口中编辑元件：在新窗口中编辑元件指的是在一个单独的窗口中编辑元件。在该模式下编辑元件时，可以同时看到该元件和主时间轴。正在编辑的元件名称会显示在舞台上方的编辑栏中，如图 9-10 所示。

图 9-9　在当前位置编辑元件　　　　　　　图 9-10　在新窗口中编辑元件

（3）在元件编辑模式下编辑元件：使用元件编辑模式可以将窗口从舞台视图更改为只显示该元件的单独视图。正在编辑的元件名称会显示在舞台上方的编辑栏中，位于当前场景名称右侧，如图 9-11 所示。

图 9-11　在元件编辑模式下编辑元件

2．复制元件

除了可以直接创建元件，还可以使用以现有元件为基础来复制元件的方式创建新元件。

使用"库"面板复制元件：首先在"库"面板中选择一个元件并右击，在快捷菜单中选择"直接复制"命令，打开"直接复制元件"对话框，输入复制后的元件名称和类型，如使用"花转"影片剪辑元件复制"花变色"影片剪辑元件，如图 9-12 所示。

3．实例

创建元件后，在文档中将元件从库中拖曳到舞台上或其他元件内，就会创建一个元件的实例。实例与库中元件之间存在链接关系，具体表现为修改元件时会更新元件的所有实例，但对实例的修改不会影响元件。每个实例都具有属于自己的独立属性，可以更改实例的色调、透明度和亮度，也可以重新定义实例的类型，还可以给影片剪辑实例或按钮实例命名。若想更改它的属性，则可以使用动作脚本来实现。

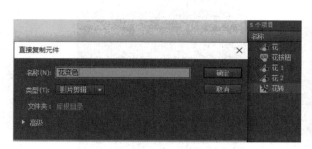

图 9-12　复制元件

1）图形实例属性设置

选中舞台上的图形实例，打开"属性"面板，在该面板中显示了"位置和大小"、"色彩效果"和"循环"选项组。

- "位置和大小"选项组：可以设置图形实例的坐标位置及大小。
- "色彩效果"选项组：可以设置图形实例的透明度、亮度和色调等效果。
- "循环"选项组：可以设置图形实例的循环方式和循环起始帧。

例如，双击"花变色"影片剪辑实例，定位到第 1 帧，选中"花"图形元件，在"属性"面板的"色彩效果"选项组中更改样式为"色调"，选择颜色为绿色，将色调调整为 100%，这样我们就更改了"花"图形实例的颜色。同样，在第 3 帧和第 5 帧上分别设置不同的颜色，这样我们的"花变色"影片剪辑元件就完成了，如图 9-13 所示。

图 9-13　图形实例属性设置

2）影片剪辑实例属性设置

选中舞台上的影片剪辑实例，打开"属性"面板，在该面板中显示了"位置和大小"、"3D 定位和视图"、"色彩效果"、"显示"和"滤镜"等选项组，如图 9-14 所示。

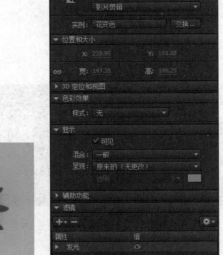

图 9-14　影片剪辑实例属性设置

（1）"位置和大小"选项组：可以设置影片剪辑实例的坐标位置及大小。

（2）"3D 定位和视图"选项组：可以设置影片剪辑实例的 Z 轴坐标，以及影片剪辑实例在三维空间中的透视角度和消失点。Z 轴坐标是在三维空间中的一个坐标轴，方向与 X、Y 轴所在的平面垂直。

（3）"色彩效果"选项组：可以设置影片剪辑实例的透明度、亮度及色调等效果。

• "亮度"选项用于调节图像的相对亮度或暗度，范围是从黑（-100%）到白（100%），如图 9-15 所示。

• "色调"选项指的是使用相同的色相为实例着色。若要设置色调百分比，调节范围是从透明（0%）到完全饱和（100%），则可以使用属性检查器中的色调滑块；若要选择颜色，则可拖动红、绿、蓝滑块或在颜色对应的数值框中输入相应的值，如图 9-16 所示。

图 9-15　亮度设置

图 9-16　色调设置

• "Alpha"选项用于调节实例的透明度，调节范围是从透明（0%）到完全饱和（100%），可以使用属性检查器中的 Alpha 滑块调节，如图 9-17 所示。

- "高级"选项分别调节实例的红色、绿色、蓝色和透明度值。此选项对于在位图对象上创建和制作具有微妙色彩效果的动画用处非常大。左侧的控件可以按照指定的百分比减小颜色或透明度的值，右侧的控件可以按照常数值减小或增大颜色或者透明度的值。当前的红、绿、蓝和 Alpha 的值乘以对应的百分比，再加上右侧的常数值，即可产生新的颜色值。例如，当前的红色值为 100，若将左侧的滑块设置为 50% 并将右侧数值框中的常数值设置为 100，则会产生一个新的红色值 150（[100 × 50%] + 100 = 150），如图 9-18 所示。

图 9-17 Alpha 设置

图 9-18 高级设置

（4）"显示"选项组：可以设置影片剪辑实例的显示效果、混合效果和呈现样式。

（5）"滤镜"选项组：可以设置影片剪辑实例的滤镜效果，共有 7 种滤镜效果，即"投影"、"模糊"、"发光"、"斜角"、"渐变发光"、"渐变斜角"和"调整颜色"。

3）按钮实例属性设置

选中舞台上的按钮实例，打开"属性"面板，在该面板中显示了"位置和大小"、"色彩效果"、"显示"、"字距调整"和"滤镜"等选项组，按钮实例属性设置与影片剪辑实例属性设置类似，此处不再赘述。

4. 实例的相关操作

（1）替换实例：要在舞台上将一个实例替换为另一个实例，可以单击"属性"面板中的"交换"按钮 交换... ，在打开的"交换元件"对话框中选择要重新应用的元件。

（2）分离实例：要断开一个实例与一个元件之间的链接，可以在选中实例后选择"修改"|"分离"命令，分离实例后元件的更改不再影响实例。

实训拓展

# 一、基础知识练习

1. （ ）是一种比较独特的、可重复使用的对象，用户创建元件后，可在整个文档或其他文档中重复使用该元件。

2. 在 Animate CC 2017 中元件分为 3 种类型：图形元件、（　　　）元件和按钮元件。

3. （　　　）元件与影片的时间轴同步运行，可以创建动画，但不具有交互性。

4. （　　　）元件上是可重复使用的动画片段，拥有相对于主时间轴独立的时间轴，也拥有对于舞台的主坐标系独立的坐标系。

5. 通过对（　　　）添加滤镜或设置混合模式，可创建复杂的动画效果。

6. 在按钮元件的 4 种状态中，（　　　）代表在指针没有经过按钮元件时该按钮的状态。

    A. 弹起　　　　　　B. 指针经过　　　　　　C. 按下　　　　　　D. 点击

7. 在按钮元件的 4 种状态中，（　　　）用于定义响应鼠标单击时的区域，此区域在 SWF 文件中是不可见的。

    A. 弹起　　　　　　B. 指针经过　　　　　　C. 按下　　　　　　D. 点击

8. 按快捷键（　　　）打开"创建新元件"对话框。

    A. Ctrl+F5　　　　B. Ctrl+F6　　　　　　C. Ctrl+F7　　　　　D. Ctrl+F8

9. 在不同的文档之间可以共享各自（　　　）中的资源。

    A. 库　　　　　　　B. 元件　　　　　　　C. 实例　　　　　　D. 文件

10. 关于实例与元件的描述错误的是（　　　）。

    A. 实例是元件在舞台中的具体表现

    B. 创建实例的过程就是将元件从"库"面板中拖曳到舞台上

    C. 实例所做的更改会影响元件

    D. 对元件的更改会影响动画中所有与该元件有关联的实例

## 二、技能操作练习

1. 使用图形元件绘制满天星光，如图 9-19 所示。

图 9-19　满天星光

2. 使用影片剪辑元件制作闪闪星光，如图 9-20 所示。

图 9-20　闪闪星光

3. 对比得出图形元件与影片剪辑元件时间轴的区别，如图 9-21 所示。

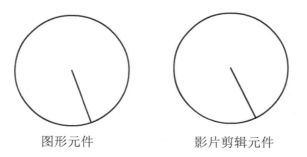

图形元件　　　　　　　影片剪辑元件

图 9-21　图形元件与影片剪辑元件时间轴的区别

4. 使用按钮元件制作图片按钮，如图 9-22 所示。

图 9-22　图片按钮

# 项目七

## 基础动画制作

**实训目标**

Animate CC 2017 是一款优秀的二维动画设计软件，可以将音乐、声效、动画及视频融合在一起，制作出高品质的动画作品。同时，它也是优秀的网页动画设计软件，Animate CC 2017 中的基础动画类型包括逐帧动画、补间形状动画、传统补间动画和补间动画。本项目的学习目标如下。

**知识目标：**

- 了解 Animate CC 2017 动画的原理和类型。
- 熟练掌握帧的类型、帧的操作和图层的操作方法。
- 掌握创建逐帧动画、补间形状动画、传统补间动画和补间动画的制作方法与要点。
- 了解动画预设的使用方法。

**技能目标：**

- 熟练使用逐帧动画、补间形状动画、传统补间动画和补间动画创作简单的动画作品。

**素养目标：**

- 培养学生团队协作的能力。
- 培养学生崇高的奉献精神。
- 提高学生的时间观念，使学生珍惜青春时光。

**实训内容**

## 案例 10 制作倒计数动画效果

使用逐帧动画制作倒计数动画效果，如图 10-0 所示。

图 10-0　倒计数

## 实训步骤

1　新建 ActionScript 3.0 文档，文档大小默认，设置舞台颜色为 #FF9933。

2　选择图层 1 的第 1 帧，选择"文本工具"，在"属性"面板的"字符"选项组中设置"系列"为"微软雅黑"，"样式"为"Bold"，"大小"为 70 磅，"颜色"为红色，在舞台上拖曳出一个矩形框并输入数字"10"，如图 10-1 所示。

图 10-1　输入数字 10

3　选择图层 1 的第 5 帧，右击在快捷菜单中选择"插入关键帧"命令。同样地，在第 10 帧、第 15 帧、第 20 帧、第 25 帧、第 30 帧、第 35 帧、第 40 帧和第 45 帧上，按 F6 键插入关键帧。

4　选择第 5 帧上的数字，修改为"9"，选择第 10 帧上的数字，修改为"8"，对插入关键帧的状态帧依次进行修改。

5　按快捷键 Ctrl+Enter 测试影片效果。保存文件，文件名为"倒计数"，并导出为"倒计数 .swf"影片文件。

提个醒：在测试时，若感觉数字变化 较快，则可以把帧频改为 10；另外，若在数字倒数到 1 时看不到数字 1，则说明数字 1 所占用的帧数太少，可以选择第 50 帧，按 F5 键延长最后一帧。

 知识小贴士

### 1. 动画原理

动画是利用人的"视觉暂留"特性，即人眼看到一幅画或一个物体后，在 1/24 秒内不会消失。所以，在一幅画还没有消失前播放下一幅画，就会给人造成一种流畅的视觉变化效果。

## 2. 逐帧动画

逐帧动画是在时间轴上使用关键帧显示画面之间发生的变化。当动画播放时，一帧帧的画面连续播放会获得动画效果。逐帧动画在绘制时具有很大的灵活性，几乎可以表现任何需要表现的内容。

## 3. 帧的类型

帧是制作动画的基本时间单位，制作动画其实就是改变连续帧内容的过程。动画中帧的数量和播放速度决定动画的长度。选择"插入"|"时间轴"命令，在弹出的子菜单中含有普通帧、关键帧和空白关键帧 3 种类型，如图 10-2 所示。

（1）普通帧：在时间轴中显示为一个矩形单元格，连续的普通帧在时间轴上显示为灰色，并且其最后一帧中有一个空心矩形块，连续的普通帧中的内容都相同，是前面关键帧中内容的延续。

（2）关键帧：在时间轴中显示为黑色实心圆点的帧，是用来定义动画变化的帧。

（3）空白关键帧：在时间轴中显示为空心小圆圈的帧，是没有任何对象的关键帧。

图 10-2　帧的类型

## 4. 帧的显示状态

帧在时间轴上具有多种表现形式，根据创建动画的不同，帧会呈现出不同的状态和颜色。

- ：当起始帧和结束帧都是关键帧，且补间帧为紫色背景并被一根黑色箭头贯穿时，表示该动画是传统补间动画。
- ：当起始帧和结束帧都是关键帧，且补间帧被一条虚线贯穿时，表示该动画是设置不成功的传统补间动画。
- ：当起始帧和结束帧都是关键帧，且补间帧为绿色背景并被一根黑色箭头贯穿时，表示该动画是补间形状动画。
- ：当起始帧和结束帧都是关键帧，且补间帧被一条虚线贯穿时，表示该动画是设置不成功的补间形状动画。
- ：当起始关键帧用一个黑色圆点表示，且补间帧为蓝色背景时，表示该动画是补间动画。
- ：当在单个关键帧后面包含浅灰色的帧时，表示这些帧包含与第一个关键帧相同的内容。

- 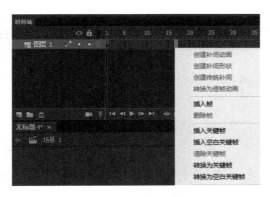 ：当关键帧上有一个小"a"标记时，表示该关键帧包含帧动作。
- ：当关键帧上面有一个"小红旗"标记时，表示在该帧位置有帧标签，帧标签用于标识时间轴中关键帧的名称，其主要作用是方便动作脚本引用该帧。

## 5. 帧的操作

### 1）插入帧

在时间轴上选中要插入帧的帧位置，按 F6 键插入关键帧，按 F7 键插入空白关键帧，按 F5 键插入普通帧，对帧进行延长。以上操作也可以通过右击，在快捷菜单中选择相应的命令实现，如图 10-3 所示。

图 10-3　插入帧

### 2）选择帧

帧的选择是对帧及帧中内容进行操作的前提条件。

（1）选择单个帧：把鼠标指针移动到需要的帧上并单击。

（2）选择多个不连续的帧：按住 Ctrl 键单击需要选择的帧。

（3）选择多个连续的帧：在帧上拖曳鼠标指针选中连续的帧，或先选择帧开始处，再按住 Shift 键单击帧结束处。

（4）选择所有帧：在任意一个帧上右击，在快捷菜单中选择"选择所有帧"命令。

### 3）删除和清除帧

（1）删除帧：选中要删除的帧，右击在快捷菜单中选择"删除帧"命令。删除帧操作不仅可以删除帧中的内容，还可以将选中的帧删除。

（2）清除帧：选中要清除的帧，右击在快捷菜单中选择"清除帧"命令。清除帧操作会把选中的帧上的内容清除，若选中的不是关键帧，则清除前面关键帧中的内容。

### 4）复制帧

复制帧操作可以将文档中的部分帧复制到当前文档或其他文档中。复制帧时首先需要选中要复制的帧，右击在快捷菜单中选择"复制帧"命令，然后切换到要粘贴的位置，右击在快捷菜单中选择"粘贴帧"命令。

5）移动帧

一种方法是首先选中要移动的帧，将鼠标指针放在所选帧上，然后按住鼠标左键进行拖曳，实现移动帧的操作；另一种方法是首先选中需要移动的帧，右击在快捷菜单中选择"剪切帧"命令，然后在目标位置右击，在快捷菜单中选择"粘贴帧"命令。

6）翻转帧

翻转帧可以实现将一组帧按照原顺序进行翻转，使原来的第一帧变为最后一帧，原来的最后一帧变为第一帧。若要进行翻转帧操作，则首先选中需要翻转的帧，然后右击在快捷菜单中选择"翻转帧"命令。

# 案例 11    制作"燃烧的蜡烛"动画效果

使用补间形状动画制作"燃烧的蜡烛"动画效果，如图 11-0 所示。

图 11-0　燃烧的蜡烛

**实 训 步 骤**

**1** 新建 ActionScript 3.0 文档，设置文档大小为宽 550 像素、高 400 像素，舞台颜色为 #333333。

**2** 选择"插入"|"新建元件"命令，创建一个名为"蜡烛"的影片剪辑元件，单击"确定"按钮，进入"蜡烛"影片剪辑元件的编辑窗口。双击图层 1，将图层 1 重命名为"烛身"。选择"矩形工具"，在"属性"面板中设置笔触颜色为无，填充颜色为线性渐变，左侧颜色为 #000000，右侧颜色为 #FF0000，绘制一个宽为 80 像素、高为 180 像素的矩形。使用"选择工具"调整矩形上下边的弧度绘制烛身，如图 11-1 所示。

图 11-1　绘制烛身

**3** 新建图层 2，将图层命名为"灯芯"，选择"矩形工具"，设置笔触颜色为无，填充颜色为 #FFFF00，绘制一个宽为 20 像素、高为 35 像素的矩形。选择"灯芯"图层，按住鼠标左键向下拖曳，将"灯芯"图层移动到"烛身"图层下方，这样可以用烛身遮挡住部分灯芯，如图 11-2 所示。

图 11-2 绘制灯芯

**4** 选择"烛身"图层，新建图层 3，将图层重命名为"火苗"，选择"椭圆工具"，设置笔触颜色为无，填充颜色为径向渐变，左侧颜色为 #FFFF00，右侧颜色为 #FF0000，绘制一个宽为 60 像素、高为 90 像素的椭圆形。选中椭圆形，使用"渐变变形工具"调整填充颜色角度，顺时针旋转 90°，使填充效果呈现底部为红色，顶部为黄色，如图 11-3 所示。

图 11-3 绘制火苗

**5** 选择"火苗"、"烛身"和"灯芯"图层的第 50 帧，按 F5 键延长帧，如图 11-4 所示。

图 11-4 延长帧

**6** 选择"火苗"图层的第 1 帧，使用"选择工具"调整椭圆形的形状。在第 15 帧处按 F6 键插入关键帧，同样使用"选择工具"调整火苗的形状；在第 30 帧处按 F6 键插入关键帧，调整火苗的形状；在第 45 帧处按 F6 键插入关键帧，调整火苗的形状，如图 11-5 所示；分别在第 1 帧和第 15 帧之间、第 15 帧和第 30 帧之间与第 30 帧和第 45 帧之间右击，在快捷菜单中选择"创建补间形状"命令，如图 11-6 所示。

图 11-5 调整火苗的形状

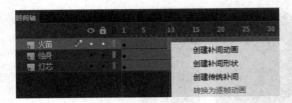

图 11-6　创建补间形状动画

**7** 选择"烛身"图层，新建图层 4 并重命名为"光晕"，如图 11-7 所示。选择"插入" | "新建元件"命令，打开"创建新元件"对话框，设置"名称"为"光晕"，"类型"为"影片剪辑"。选择"椭圆工具"，设置笔触颜色为无，填充颜色为 #FFFF00，将鼠标指针移动到舞台中心位置，按住快捷键 Alt+Shift 绘制一个宽为 80 像素、高为 80 像素的黄色正圆形，如图 11-8 所示。

图 11-7　创建"光晕"图层

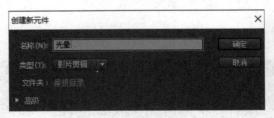

图 11-8　创建"光晕"影片剪辑元件

**8** 将"光晕"影片剪辑元件拖曳到"光晕"图层上并调整位置。在"属性"面板的"滤镜"选项组中选择"模糊"效果，设置"模糊 X"和"模糊 Y"均为 100 像素，为"光晕"影片剪辑元件添加滤镜效果，如图 11-9 所示。

图 11-9　为"光晕"影片剪辑元件添加滤镜效果

**9** 将"蜡烛"影片剪辑元件拖曳到舞台中并调整位置，按快捷键 Ctrl+Enter 测试影片效果。保存文件，文件名为"燃烧的蜡烛"，并导出为"燃烧的蜡烛 .swf"影片文件。

1. 补间形状动画

补间形状动画是形状之间的切换动画，是从一个形状逐渐过渡到另一个形状的动画。Animate CC 2017 在制作补间形状动画时，补间的内容是依靠关键帧上的形状进行计算得到的。最简单且完整的补间形状动画至少应该包含两个关键帧，一个起始关键帧，一个结束关键帧，在起始关键帧和结束关键帧上至少各有一个不同的形状，系统会根据两个形状之间的差别形成补间形状动画效果。

补间形状动画的对象为矢量图形，如果希望对元件或成组对象创建补间形状动画，则必须使用"分离"命令将它们分离打散。

2. 图层的类型

图层就像一张透明的白纸，当一层层叠加上去后，透过上一层的空白部分可以看见下一层的内容，且上一层的内容能够遮挡下一层的内容。通过更改图层的叠放顺序，可以改变在舞台上最终呈现的内容。同时，对某一图层中对象的修改不会影响其他图层中的对象，因此在制作动画时，图层通常用于组织文档中的不同元素。图层一般分为 5 种类型，即一般图层、遮罩层、被遮罩层、引导层、被引导层，如图 11-10 所示。

- 一般图层：普通状态下的图层。
- 遮罩层：具有遮罩功能的图层，该图层下方的图层默认为被遮罩层。
- 被遮罩层：用来显示遮罩内容的图层。
- 引导层：用来设置引导路径，引导被引导层中对象的运动轨迹。
- 被引导层：被引导层中对象的运动轨迹由引导层的路径决定。

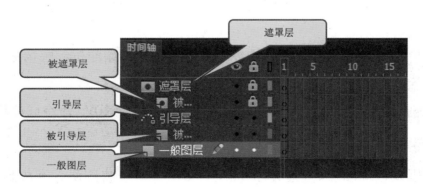

图 11-10　图层的类型

3. 图层的操作

（1）创建图层：单击"时间轴"面板中的"新建图层"按钮，即可在当前选中图层的上方插入一个图层。也可以选择"插入"|"时间轴"|"图层"命令插入图层，或在当前图层上右击，在弹出的快捷菜单中选择"插入图层"命令插入图层。

（2）选择图层：当用户选择图层时，被选中的图层名称上会显示铅笔图标，表示该图层处于可编辑状态。在 Animate CC 2017 中，一次可以选择多个图层，但只能有一个图层处于可编辑状态。要选择图层，可以单击图层名称、图层上的某个帧或图层上的任意对象。按住 Shift 键，依次单击图层名称，可以选中连续的图层；按住 Ctrl 键，单击不同的图层名称，可以选中不连续的图层。

（3）复制图层：右击当前选中的图层，在弹出的快捷菜单中选择"复制图层"命令，也可以选择"编辑"|"时间轴"|"复制图层"命令复制图层。如果想要把某个图层复制到另一个文档内，则可以右击选择"拷贝图层"命令，随后在另一个文档内的图层上右击，如图 11-11 所示，选择"粘贴图层"命令。

图 11-11　复制图层

（4）重命名和调整顺序：在进行动画创作时经常会用到许多图层，用户需要对每个图层进行重命名，使每个图层的名称都具有一定的含义，以便对图层和图层中的对象进行操作。

- 若要进行重命名的操作，则可以双击图层名称，在出现文本框后输入新的图层名。也可以在图层上右击，在弹出的快捷菜单中选择"属性"命令，打开"图层属性"对话框，在"名称"文本框中输入新的图层名称，单击"确定"按钮。
- 若要更改图层的顺序，则可以按住鼠标左键，直接将图层拖曳到适当的位置后释放鼠标。在拖曳过程中会出现一条带圆圈的黑色实线，表示图层已被拖曳到当前位置。

（5）删除图层可以通过以下 3 种方式来实现。

- 在选中图层后，单击"时间轴"面板中的"删除"按钮即可删除该图层。
- 拖曳要删除的图层到"删除"按钮上也可以删除该图层。
- 右击需要删除的图层，在弹出的快捷菜单中选择"删除图层"命令同样可以删除该图层。

4. 图层文件夹

图层文件夹用来管理图层，当创建的图层较多时，可以将图层分类放到不同的图层文件夹中。若要创建图层文件夹，则可以通过以下方法实现。

单击"时间轴"面板左下角的"新建文件夹"按钮，即可插入一个图层文件夹，随后把需要用到的图层拖曳到该图层文件夹下即可，如图 11-12 所示。

图 11-12　图层文件夹

> **提个醒**：由于图层文件夹仅仅用于管理图层而不用于管理对象，因此，图层文件夹没有时间轴和帧。

## 案例 **12**　制作"中国风"文字动画效果

使用传统补间动画制作"中国风"文字动画效果，实现"中国风"三个字从舞台左下角飞入舞台中央，停留一段时间后，从舞台右上角飞出，如图 12-0 所示。

图 12-0　中国风

**实训步骤**

1　新建 ActionScript 3.0 文档，设置文档大小为宽 610 像素、高 457 像素。

2　选择"文件"|"导入"|"导入到舞台"命令，打开"导入"对话框，选择给定的素材文件"中国国画"图像。在"属性"面板中设置"X"和"Y"均为 0 像素，使"中国国画"图像与舞台对齐。双击图层 1，将图层 1 重命名为"背景"。

3　新建图层 2，选择"文本工具"，在"属性"面板的"字符"选项组中设置"系列"为"隶书"，"大小"为 80 磅，"颜色"为黑色，在舞台中央输入"中国风"。选中"中国风"文本，打开"对齐"面板，勾选"与舞台对齐"复选框，单击"水平中齐"和"垂直中齐"按钮，使文本处于舞台中央位置，如图 12-1 所示。

图 12-1　输入"中国风"并与舞台对齐

4 使用"选择工具"，选择"中国风"文本框，按快捷键 Ctrl+B 将文本分离，随后在选中文本的情况下右击，在弹出的快捷菜单中选择"分散到图层"命令，将文字分散到图层中，这样每个文字会分别处于不同的图层上，图层以文字命名，如图 12-2 所示。

图 12-2　将文字分散到图层中

提个醒：若要将某一图层中的不同对象分别放置在不同的图层中，则可以选中所有对象，随后右击，在弹出的快捷菜单中选择"分散到图层"命令。

5 删除图层 2，使用"选择工具"，分别选择"背景"、"中"、"国"和"风"图层的第 130 帧，并按 F5 键延长帧，如图 12-3 所示。

图 12-3　延长帧

6 创建"中"字的传统补间动画。选择"中"图层的第 20 帧，按 F6 键插入关键帧，随后在第 1 帧和第 20 帧之间的任意帧上右击，在弹出的快捷菜单中选择"创建传统补间"命令，这时"中"图层的第 1~20 帧变为淡紫色并带有箭头，表示已经成功创建传统补间动画。选中"中"图层第 1 帧上的"中"字，使用"选择工具"将文字拖曳到舞台左下角。在"中"图层上拖曳播放头，可以看到"中"字实现了从左下角飞入舞台中央的效果，如图 12-4 所示。

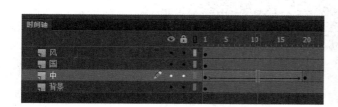

图 12-4 创建"中"字的传统补间动画

7 创建"国"字的传统补间动画。使用"选择工具"，把鼠标指针移动到"国"图层的第 1 帧上，按住鼠标左键向右拖曳到第 10 帧处，调整帧的位置，如图 12-5 所示。随后选择第 30 帧，并按 F6 键插入关键帧，同样，在"国"图层的第 10 帧和第 30 帧之间的任意帧上右击，在弹出的快捷菜单中选择"创建传统补间"命令。选中"国"图层第 10 帧上的"国"字，将其拖曳到舞台左下角，如图 12-6 所示。

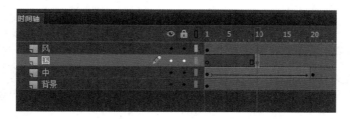

图 12-5 调整帧的位置

图 12-6 创建"国"字的传统补间动画

8 创建"风"字的传统补间动画。使用"选择工具"，把鼠标指针移动到"风"图层的第 1 帧上，按住鼠标左键向右拖曳到第 20 帧处，调整"风"图层帧的位置，如图 12-7 所示。随后选择第 40 帧，并按 F6 键插入关键帧，同样地，在"风"图层的第 20 帧和第 40 帧之间的任意帧上右击，在弹出的快捷菜单中选择"创建传统补间"命令，选中"风"图层第 20 帧的上"风"字，将其拖曳到舞台左下角，如图 12-8 所示。

图 12-7 调整"风"图层帧的位置

图 12-8　创建"风"字的传统补间动画

**9** 制作"中"字的飞出动画。选择"中"图层的第 60 帧，并按 F6 键插入关键帧，再选择第 80 帧，插入关键帧，随后在第 60 帧和第 80 帧之间创建传统补间动画。选择第 80 帧上的"中"字，将其拖曳到舞台右上角，如图 12-9 所示。

图 12-9　制作"中"字的飞出动画

**10** 制作"国"字的飞出动画。选择"国"图层的第 70 帧，并按 F6 键插入关键帧，再选择第 90 帧，插入关键帧，随后在第 70 帧和第 90 帧之间创建传统补间动画。选择第 90 帧上的"国"字，将其拖曳到舞台右上角，如图 12-10 所示。

**11** 制作"风"字的飞出动画。选择"风"图层的第 80 帧，并按 F6 键插入关键帧，再选择第 100 帧，插入关键帧，随后在第 80 帧和第 100 帧之间创建传统补间动画。选择第 100 帧上的"风"字，将其拖曳到舞台右上角，如图 12-11 所示。

图 12-10　制作"国"字的飞出动画

图 12-11　制作"风"字的飞出动画

**12** 按快捷键 Ctrl+Enter 测试动画效果。保存文件，文件名为"中国风"，并导出为"中国风 .swf"影片文件。

🔔 **知识小贴士**

## 1. 传统补间动画

传统补间动画也称为中间帧动画、渐变动画等，可以实现动画中对象位置、大小、旋转、色彩等的动画效果。传统补间动画需要两个关键帧，即起始关键帧和结束关键帧，同时这两个关键帧上的对象为同一个对象，但两个关键帧上的对象的位置、大小、旋转、色彩等参数均有变化。

实现传统补间动画的对象是文字或实例，如果想要使用导入的图像做传统补间动画，首先需要将图像转换成图形元件或影片剪辑元件，然后使用实例来实现动画效果。

### 2. 编辑传统补间动画

在设置传统补间动画后，还可以通过"属性"面板中的"补间"选项组对传统补间动画进一步编辑，如图 12-12 所示。

- 缓动：该参数可以实现加速或减速的运动效果。"缓动"数值框中的取值范围为 −100 ～ 100，如果值为正，则表示动画越来越慢，如果值为负，则表示动画越来越快。如果单击数值框右侧的"编辑缓动"按钮，将会打开"自定义缓入 / 缓出"对话框，如图 12-13 所示，可以在此处调整缓入 / 缓出的变化速率。当曲线水平时，表示动画变化速率为零。当曲线垂直时，表示动画变化速率最大，一瞬间就能完成变化。

图 12-12 　"补间"选项组

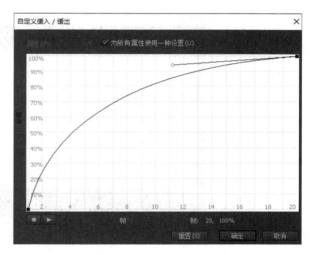

图 12-13 　"自定义缓入 / 缓出"对话框

- 旋转：在"旋转"下拉列表中提供了多种旋转方式，如图 12-14 所示，在下拉列表后面的数值框中可以输入旋转次数。

图 12-14 　"旋转"下拉列表

- 调整到路径：该复选框只有在传统补间动画具有引导路径时有效，它能够实现使动画元素沿路径改变方向。

- 同步：对实例进行同步校准。
- 贴紧：将对象自动对齐到路径上。
- 缩放：将对象进行缩放。

3. 设置缓动

当不勾选"自定义缓入 / 缓出"对话框中的"为所有属性使用一种设置"复选框时，左侧的"属性"选项组可用，在下拉列表中显示了"位置"、"旋转"、"缩放"、"颜色"和"滤镜"等选项，即可以单独设置"位置"、"旋转"、"缩放"、"颜色"和"滤镜"等缓动效果，如图 12-15 所示。

- "播放"和"停止"按钮：预览舞台上的动画效果。
- "重置"按钮：允许用户将速率曲线重置为默认的线性状态。
- 所选控制点的帧数和位置：对话框右下角显示了所选控制点的关键帧和位置。如果没有选中控制点，则不显示数值；若在速率曲线上单击选中控制点，则显示当前控制点的帧数和位置。

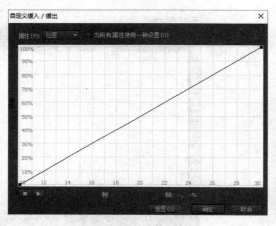

图 12-15　设置缓动

## 案例 13　制作"图像切换补间动画"效果

使用补间动画制作"图像切换补间动画"效果，如图 13-0 所示。

图 13-0　图像切换补间动画

## 实训步骤

**1** 新建 ActionScript 3.0 文档，设置文档大小为宽 550 像素、高为 400 像素。

**2** 选择"文件"|"导入"|"导入到库"命令，将给定的外部素材文件"风景 1"～"风景 4"图像导入库中，如图 13-1 所示。选择"插入"|"新建元件"命令或按快捷键 Ctrl+F8，打开"创建新元件"对话框，如图 13-2 所示，创建名为"风景 1"的影片剪辑元件，进入"风景 1"影片剪辑元件的编辑状态，按快捷键 Ctrl+L 打开"库"面板，将"风景 1"图像拖曳到编辑窗口，在"属性"面板中设置"风景 1"图像的"宽"为 550 像素、"高"为 400 像素，注意，需要单击左侧的"将高度和宽度锁定在一起"按钮解锁。随后打开"对齐"面板，勾选"与舞台对齐"复选框，单击"水平居中"和"垂直居中"按钮，使图像中心点与编辑窗口中心点重合，如图 13-3 所示。

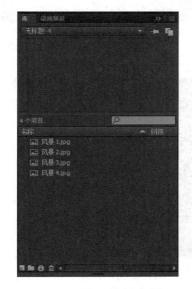

图 13-1 导入外部素材　　　　图 13-2 创建"风景 1"影片剪辑元件

图 13-3 设置"风景 1"图像的属性

**3** 打开"库"面板，右击"风景 1"影片剪辑元件，在弹出的快捷菜单中选择"直接复制"命令（见图 13-4），打开"直接复制元件"对话框，将名称改为"风景 2"（见图 13-5），单击"确定"按钮。双击"风景 2"影片剪辑元件进入编辑窗口，选择窗口中的图像，在"属性"面板中单击"交换"按钮，打开"交换位图"对话框，（见图 13-6），选择"风景 2"位图图像，单击"确定"按钮。选择"风景 2"位图图像，设置图像的"宽"为 550 像素、"高"为 400 像素，并使位图与编辑窗口中心对齐，如图 13-7 所示。

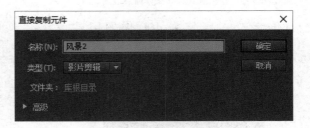

图 13-4　"库"面板　　　　　　　图 13-5　"直接复制元件"对话框

图 13-6　交换位图

图 13-7　设置"风景 2"图像的属性

**4** 进行同样的操作，分别创建 "风景 3" 和 "风景 4" 影片剪辑元件，如图 13-8 所示。

**5** 返回到场景 1，选择图层 1 的第 1 帧，打开 "库" 面板，将 "风景 1" 影片剪辑元件拖曳到舞台中，设置该实例在舞台中的位置，"X" 为 275 像素，"Y" 为 200 像素，使实例与舞台重合，如图 13-9 所示。

图 13-8 创建影片剪辑元件

图 13-9 设置 "风景 1" 影片剪辑实例属性

**6** 选择图层 1，分别在第 50 帧、第 100 帧和第 150 帧处按 F6 键插入关键帧，在第 200 帧处按 F5 键延长帧。选择第 50 帧上的对象，在 "属性" 面板中单击 "交换" 按钮，打开 "交换元件" 对话框，在该对话框中选择 "风景 2" 影片剪辑元件，如图 13-10 所示。

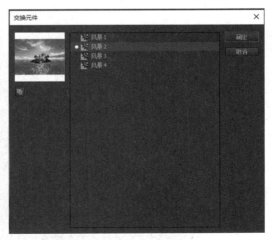

图 13-10 交换元件

**7** 进行同样的操作，选择第 100 帧上的实例并交换为 "风景 3" 影片剪辑元件，选择第 150 帧上的实例并交换为 "风景 4" 影片剪辑元件。

在第 1 帧和第 50 帧之间的任意一帧上右击，在快捷菜单中选择 "创建补间动画" 命令，第 1～50 帧变为淡蓝色背景，如图 13-11 所示。选择第 40 帧上的实例，在 "属性" 面板中

的 "滤镜" 选项组中设置 "模糊" 效果, "模糊 X" 和 "模糊 Y" 均设置为 100 像素。选择第 1 帧上的实例, 在 "滤镜" 选项组中设置 "模糊" 效果, "模糊 X" 和 "模糊 Y" 均设置为 0 像素, 这样就在第 1 和第 50 帧之间实现了 "风景 1" 实例的模糊滤镜效果, 如图 13-12 所示。

图 13-11　创建补间动画

图 13-12　设置 "模糊" 效果

8　使用同样的制作方法, 为 "风景 2"、"风景 3" 和 "风景 4" 实例制作模糊滤镜效果。

9　按快捷键 Ctrl+Enter 测试影片效果。保存文件, 文件名为 "图像切换补间动画", 并导出为 "图像切换补间动画 .swf" 文件。

🔔 知识小贴士

### 1. 补间动画

补间动画是通过对同一对象在不同帧中更改属性值, 生成属性关键帧, 由 Animate CC 2017 自动计算出相邻属性关键帧之间的差值而形成的动画效果。在补间动画的范围中, 只能包含一个目标对象, 且该对象必须是元件, 若不是元件, 则会弹出 "将所选的内容转换为元件以进行补间" 提示对话框, 如图 13-13 所示。

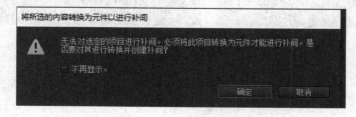

图 13-13　"将所选的内容转换为元件以进行补间" 提示对话框

### 2. 属性关键帧

属性关键帧指的是该帧上的对象是前面关键帧上的内容，它只是更改了目标对象的属性，而关键帧才是显示对象的新实例的帧。因此，属性关键帧与关键帧是不同的概念。补间动画的目标对象的属性可设置为位置、旋转、倾斜、缩放、透明度和色彩效果等。

### 3. 补间动画和传统补间动画的区别

（1）传统补间动画使用两个关键帧，而补间动画使用一个关键帧和多个属性关键帧。

（2）传统补间动画是在两个关键帧之间进行补间的，其中包含相同或不同的实例；补间动画则是在整个补间范围内由一个目标对象组成的。

（3）传统补间动画的缓动应用于补间内的关键帧之间，而补间动画的缓动应用于整个补间区间。

### 4. 补间动画上的运动路径

补间动画上的运动路径，可以使用"工具箱"面板上的"选择工具"、"部分选取工具"、"任意变形工具"和"钢笔工具"等进行调整，从而改变运动对象的运动轨迹。

### 5. 3D 动画和动画预设的实现

3D 动画和动画预设只能使用补间动画实现。

## 案例 14  制作"飞机飞行"动画效果

使用补间动画制作"飞机飞行"动画效果，如图 14-0 所示。

图 14-0  飞机飞行

**实训步骤**

**1** 新建 ActionScript 3.0 文档，设置文档大小为宽 1900 像素、高 768 像素。

**2** 选择"文件"|"导入"|"导入到库"命令，将提供的素材文件"蓝天白云"和"飞机"导入库中。

**3** 创建"蓝天白云"影片剪辑元件。选择"插入"|"新建元件"命令或按快捷键 Ctrl+F8，打开"创建新元件"对话框，设置"名称"为"蓝天白云"，"类型"为"影片剪辑"，单击"确定"按钮，进入"蓝天白云"影片剪辑元件的编辑窗口。按

快捷键 Ctrl+L 打开"库"面板，将"蓝天白云"图像拖入编辑窗口，设置编辑窗口右上角的显示比例为 50%。选择"蓝天白云"图像，在"属性"面板中设置"宽"为 1900 像素，"高"为 768 像素。打开"对齐"面板，单击"水平居中"和"垂直居中"按钮，如图 14-1 所示。

图 14-1　创建"蓝天白云"影片剪辑元件

**4** 创建"飞机"影片剪辑元件。选择"插入"|"新建元件"命令或按快捷键 Ctrl+F8，打开"创建新元件"对话框，设置"名称"为"飞机"，"类型"为"影片剪辑"，单击"确定"按钮，进入"飞机"影片剪辑元件的编辑窗口。按快捷键 Ctrl+L 打开"库"面板，将"飞机"图像拖入编辑窗口，如图 14-2 所示。选择"修改"|"文档"命令，在"属性"面板中设置舞台颜色为 #666666，单击"确定"按钮。

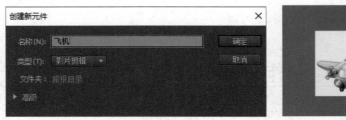

图 14-2　创建"飞机"影片剪辑元件

**5** 删除白色背景。在"飞机"影片剪辑元件的编辑窗口中，选择"飞机"图像，按快捷键 Ctrl+B 将图像分离。使用"魔术棒工具"，单击图像中的白色区域，首先选中白色背景按 Delete 键删除，然后选中飞机头部下方的白色填充进行删除。使用"选择工具"，在飞机上单击，选择抠出的飞机，选择"编辑"|"反转选区"命令，按 Delete 键删除多余内容，如图 14-3 所示。

白色背景

图 14-3　删除白色背景

图 14-3　删除白色背景（续）

> **提醒：** 关于图像的处理，可以在 Photoshop 中进行编辑，完成后保存为 ".psd" 格式的文件再导入 Animate CC 2017 中使用。

6 返回场景 1，双击图层 1 重命名为 "蓝天白云"，选择图层 1 的第 1 帧，将 "蓝天白云" 影片剪辑元件拖曳到舞台中。打开 "变形" 面板，设置显示比例为 50%，调整实例在舞台中的位置，使实例的左侧与舞台左侧对齐，如图 14-4 所示。选择第 165 帧，按 F5 键延长帧，在第 1 帧和第 165 帧之间右击，在快捷菜单中选择 "创建补间动画" 命令，如图 14-5 所示。选择第 135 帧，使用 "选择工具" 将 "蓝天白云" 实例向左侧拖曳一定的距离，制作出图片向左移动的动画效果，如图 14-6 所示。

图 14-4　实例左侧与舞台左侧对齐

图 14-5　创建补间动画

图 14-6　拖曳 "蓝天白云" 实例

**7** 新建图层 2，重命名为 "飞机"，将库中的 "飞机" 影片剪辑元件拖曳到该图层的第 1 帧，打开 "变形" 面板，设置缩放比例为 50%，如图 14-7 所示。选择 "修改" | "变形" | "水平翻转" 命令，将飞机水平翻转，选择 "任意变形工具" 调整飞机的旋转角度，如图 14-8 所示。

图 14-7　设置缩放比例　　　　　　　　图 14-8　将飞机水平翻转并调整旋转角度

**8** 将 "飞机" 图层延长到第 165 帧，在图层的第 1 帧和第 165 帧之间右击，在快捷菜单中选择 "创建补间动画" 命令，选择第 45 帧，将飞机向舞台中心拖曳。使用 "任意变形工具" 调整飞机的旋转角度和大小，如图 14-9 所示。

图 14-9　调整飞机的旋转角度和大小

**9** 选择 "飞机" 图层的第 95 帧，将飞机向舞台右上角拖曳。使用 "任意变形工具" 调整飞机的旋转角度和大小。在第 135 帧处，将飞机从舞台右上角拖曳出舞台，并改变飞机的大小。由于飞机越飞越高，根据视觉原理，要设置飞机体积越来越小，如图 14-10 所示。

图 14-10　设置飞机的位置和大小

**10** 按快捷键 Ctrl+Enter 测试影片效果。保存文件，文件名为 "飞机飞行"，并导出为 "飞机飞行 .swf" 文件。

1. 调整补间动画的路径

补间动画的运动路径可以使用"工具箱"面板上的"选择工具"、"部分选取工具"、"任意变形工具"和"钢笔工具"等进行调整。

2. 运用动画预设

动画预设指的是预先设置好的补间动画，可以将这些补间动画应用到舞台中的实例或文本对象上。

（1）使用动画预设：新建一个 ActionScript 3.0 文档，并创建一个名为"球"的影片剪辑元件，将"球"影片剪辑元件拖曳到舞台中，使用"动画预设"命令给"球"影片剪辑元件添加从上方掉落的动画效果。选择舞台上的"球"影片剪辑实例，选择"窗口"|"动画预设"命令，打开"动画预设"面板。展开"默认预设"文件夹，显示系统默认的动画预设效果。选中"大幅度跳跃"选项并单击"应用"按钮。一旦将动画预设效果应用于舞台中的"球"影片剪辑实例，在时间轴中就会自动创建补间动画，如图 14-11 所示。

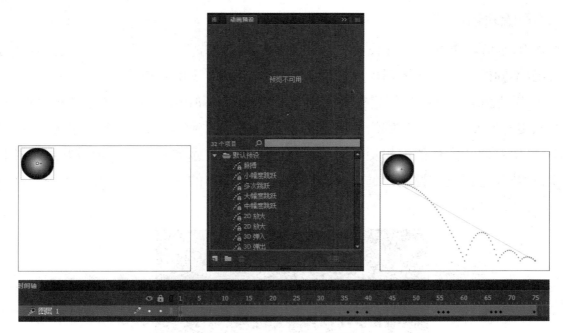

图 14-11　应用动画预设

（2）在舞台中对"球"影片剪辑实例上所用的动画预设进行修改，对原始预设没有任何影响；在"动画预设"面板中删除或重命名某个预设，对之前使用该预设创建的补间没有任何影响。

（3）保存动画预设：在 Animate CC 2017 中，可以将补间动画保存为动画预设，新保存的动画预设将显示在"动画预设"面板的"自定义预设"文件夹中。要保存动画预设，首先需要选中时间轴中的补间帧，然后单击"动画预设"面板中的"将选区另存为预设"按钮，在弹出的快捷菜单中选择"另存为动画预设"命令，打开"将预设另存为"对话框。在该对话框中将"预设名称"设置为"小球跳动"，单击"确定"按钮。经过以上操作，在"自定义预设"文件夹中将显示保存了"小球跳动"动画预设，如图14-12所示。

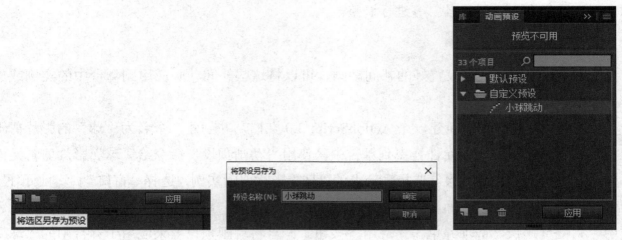

图14-12　保存动画预设

### 3. 动画编辑器的使用

动画编辑器可以更加详细地设置补间动画的运动轨迹，丰富动画效果，模拟真实行为。网格上显示不同的属性曲线图形，可以通过修改图形来更改相应的补间属性。

（1）打开动画编辑器：在创建完补间动画后右击，在弹出的快捷菜单中选择"调整补间"命令，或双击补间动画中的任意帧，即可在"时间轴"面板中打开动画编辑器，如图14-13所示。动画编辑器使对曲线图形的编辑更加容易，用户可以通过添加属性关键帧或锚点来控制曲线图形，以对补间进行精准控制。通过锚点可以对曲线图形的关键部分进行明确修改，从而更好地对曲线图形进行控制。

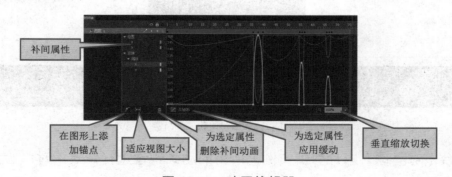

图14-13　动画编辑器

（2）右击曲线网格，在弹出的快捷菜单中可以选择"复制"、"粘贴"、"反转"和"翻转"等命令，如选择"反转"命令，可实现曲线沿运动中心轴进行反转，改变补间动画的运动轨迹，如图14-14所示。

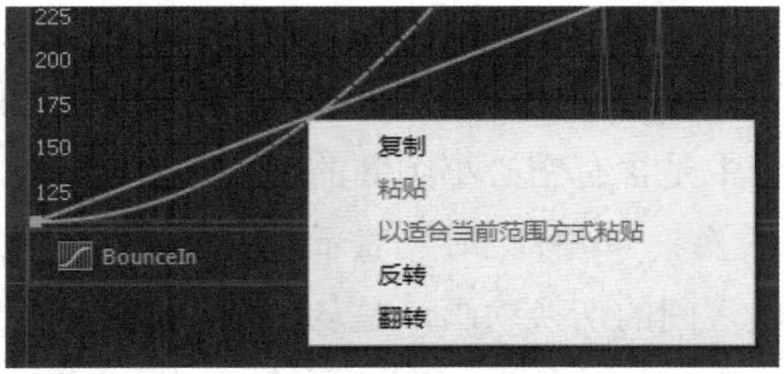

图 14-14 "反转"命令

（3）单击"适应视图大小"按钮，可以让曲线网格界面适配当前的"时间轴"面板大小。单击"在图形上添加锚点"按钮可以在曲线上添加锚点，改变补间动画的运动轨迹。单击"添加缓动"按钮，可以给不同的补间属性添加缓动效果，例如，在 X 轴上添加"简单"选项组下的"中"缓动效果。

（4）应用预设缓动和自定义缓动：通过缓动可以控制补间的速度，从而产生逼真的动画效果。通过对补间动画应用缓动效果，使对象的移动更加自然。Animate CC 2017 包含多种适用于简单或复杂动画效果的预设缓动，可以对缓动指定强度，以增强补间的视觉效果，如图 14-15 所示。

在动画编辑器中，还可以创建自定义缓动曲线，自定义缓动允许使用动画编辑器中的自定义缓动曲线来创建缓动效果，之后将此自定义缓动应用到选定补间动画的所有属性上，如图 14-16 所示。

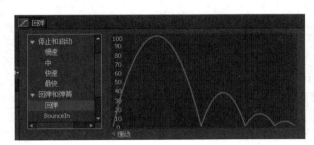

图 14-15 应用预设缓动效果

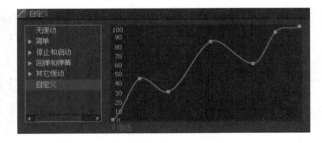

图 14-16 自定义缓动效果

**实训拓展**

## 一、基础知识练习

1. 动画是使用人的（ ）特性，即人眼看到一幅画或一个物体后，在1/24秒内不会消失。所以，在一幅画还没有消失前播放下一幅画，就会给人造成一种流畅的视觉变化效果。

2. （ ）动画是在时间轴上使用关键帧显示画面之间发生的变化。当动画播放时，一帧帧的画面连续播放会获得动画效果。

3. （　　　）帧在时间轴中是有黑色实心圆点的帧，是用来定义动画变化的帧。

4. （　　　）帧在时间轴中显示为一个矩形单元格，连续的普通帧在时间轴上显示为灰色。

5. （　　　）帧在时间轴中是含有空心小圆圈的帧，是没有任何对象的关键帧。

6. 当关键帧上有一个小（　　　）标记时，表示该关键帧包含帧动作。

7. （　　　）动画是形状之间的切换动画，是从一个形状逐渐过渡到另一个形状的动画。

8. （　　　）动画也称为中间帧动画、渐变动画等，可以实现动画中对象位置、大小、旋转、色彩等的动画效果。

9. （　　　）动画是通过为不同帧中的对象属性指定不同的值而创建的动画。

10. 当起始帧和结束帧都是关键帧，且补间帧为绿色背景并被一根黑色箭头贯穿时，表示该动画是（　　　）动画。

11. 按下（　　　）键可以插入关键帧。

    A. F7　　　　　　　B. F5　　　　　　　C. F8　　　　　　　D. F6

12. 按下（　　　）键可以插入空白关键帧。

    A. F7　　　　　　　B. F5　　　　　　　C. F8　　　　　　　D. F6

13. （　　　）不仅可以删除帧中的内容，还可以将选中的帧删除。

    A. 删除帧　　　　　B. 清除帧　　　　　C. 移除帧　　　　　D. 剪切帧

14. （　　　）层是用来显示遮罩内容的图层。

    A. 引导层　　　　　B. 被遮罩　　　　　C. 遮罩层　　　　　D. 被引导层

15. （　　　）层用来设置引导路径，引导被引导层中对象的运动轨迹。

    A. 引导层　　　　　B. 被遮罩　　　　　C. 遮罩层　　　　　D. 被引导层

16. 在"属性"面板中改变（　　　）参数，可以实现加速或减速的运动效果。

    A. 贴紧　　　　　　B. 旋转　　　　　　C. 缓动　　　　　　D. 同步

17. 在补间动画的范围中只能包含（　　　）个目标对象，且该对象必须是元件。

    A. 一　　　　　　　B. 二　　　　　　　C. 三　　　　　　　D. 多个

18. 3D 动画和动画预设只能使用（　　　）动画实现。

    A. 逐帧　　　　　　B. 形状　　　　　　C. 传统补间　　　　D. 补间

19. 打开动画预设，选择（　　　）菜单下的"动画预设"命令。

    A. 文件　　　　　　B. 窗口　　　　　　C. 编辑　　　　　　D. 控制

20. 打开动画编辑器的方法是：在创建完补间动画后，（　　　）补间动画中的任意帧。

    A. 指向　　　　　　B. 右击　　　　　　C. 双击　　　　　　D. 单击

## 二、技能操作练习

1. 使用逐帧动画制作红绿灯，如图 14-17 所示。

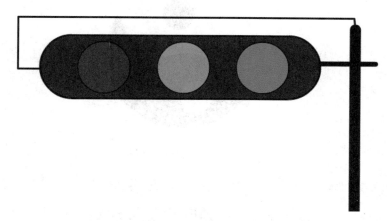

图 14-17 红绿灯

2. 使用逐帧动画制作小精灵，如图 14-18 所示。

图 14-18 小精灵

3. 使用逐帧动画制作"请党放心，强国有我"打字效果，如图 14-19 所示。

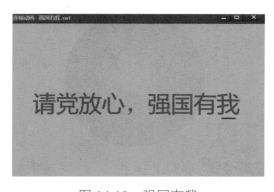

图 14-19 强国有我

4. 使用传统补间动画制作旋转八卦图，如图 14-20 所示。

图 14-20　旋转八卦图

5. 使用传统补间动画制作滚动的小球，需要设置缓动效果，如图 14-21 所示。

图 14-21　滚动的小球

6. 使用传统补间动画制作心跳，如图 14-22 所示。

图 14-22　心跳

7. 使用传统补间动画制作跳动的小球，如图 14-23 所示。

图 14-23　跳动的小球

8. 使用传统补间动画制作滴落的雨滴，如图 14-24 所示。

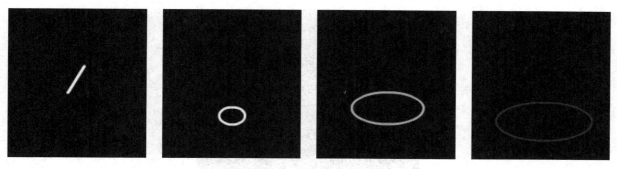

图 14-24　滴落的雨滴

9. 使用补间形状动画制作进度条，如图 14-25 所示。

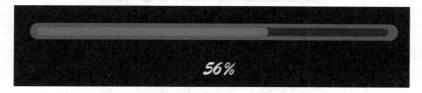

图 14-25　进度条

10. 使用补间形状动画制作"我爱中国"文字效果，如图 14-26 所示。

图 14-26　我爱中国

11. 使用补间形状动画制作"滴落的墨水"，如图 14-27 所示。

图 14-27　滴落的墨水

12. 使用补间动画制作热气球，如图 14-28 所示。

图 14-28　热气球

13. 使用补间动画制作弹簧效果，需要设置缓动效果，如图 14-29 所示。

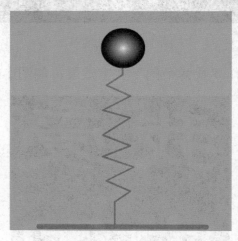

图 14-29　弹簧

14. 使用补间动画制作左右摆动的小球，需要设置缓动效果，如图 14-30 所示。

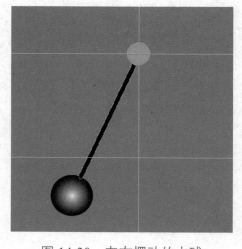

图 14-30　左右摆动的小球

# 项目八

# 高级动画制作

前面我们学习了 Animate CC 2017 中的基础动画，包括逐帧动画、补间形状动画、传统补间动画和补间动画。使用前面所学动画知识，并结合高级动画制作方法，可以制作出更具艺术美感的动画效果。本项目将学习引导层动画、遮罩层动画、骨骼动画和 3D 动画的制作原理、制作方法和技巧。本项目的学习目标如下。

**知识目标：**

- 掌握引导层动画的制作方法。
- 掌握遮罩层动画的制作原理及方法。
- 掌握 3D 工具的使用方法及 3D 动画的制作方法。
- 掌握"骨骼工具"的使用及骨骼动画的制作方法。

**技能目标：**

- 熟练使用引导层动画、遮罩层动画、骨骼动画和 3D 动画制作不同的动画效果。
- 根据自己的创意设计动画。

**素养目标：**

- 树立学生精益求精、不断创新的工匠精神。
- 培养学生自主探究、学习的能力。

## 案例 15　制作"运动的电子"动画效果

通过引导层动画制作"运动的电子"动画效果，本案例中的 3 个电子分别沿着不同的路径运动，效果如图 15-0 所示。

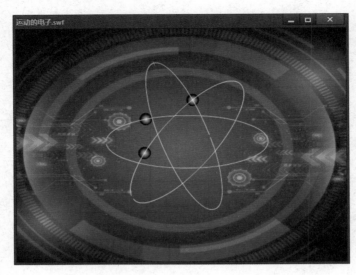

图 15-0　运动的电子

**实 训 步 骤**

**1** 新建 ActionScript 3.0 文档，设置文档大小为宽 550 像素、高 400 像素。

**2** 创建"电子"影片剪辑元件。选择"插入"|"新建元件"命令或按快捷键 Ctrl+F8，打开"创建新元件"对话框，创建一个名为"电子"的影片剪辑元件，单击"确定"按钮，进入"电子"影片剪辑元件的编辑窗口。选择"椭圆工具"，设置笔触颜色为无，填充颜色为由白到黑的径向渐变。将鼠标指针移动到舞台中心，按住快捷键 Alt+Shift 绘制一个宽、高均为 30 像素的正圆形，如图 15-1 所示。

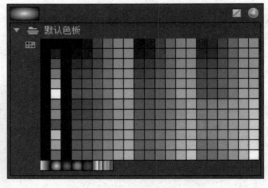

图 15-1　创建"电子"影片剪辑元件

**3** 返回场景 1，双击图层 1，重命名为"背景"。选择"文件"|"导入"|"导入到舞台"命令，打开"将'电子 .psd'导入舞台"对话框，勾选"导入为单个位图图像"复选框，单击"导入"按钮将"电子 .psd"导入舞台。选择位图图像，在"属性"面板中设置"宽"为 550 像素，"高"为 400 像素，"X"、"Y"均为 0 像素，选择图层的第 60 帧，按 F5 键延长帧，如图 15-2 所示。

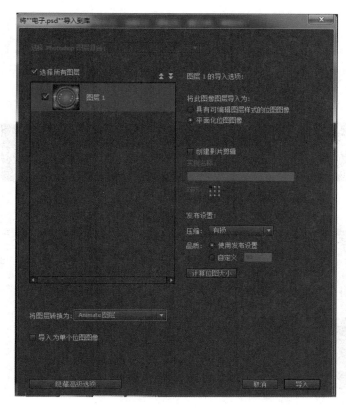

图 15-2 将"电子 .psd"导入舞台并设置其属性

**4** 新建图层 2，重命名为"电子 1"，选择第 1 帧，打开"库"面板，将库中的"电子"影片剪辑元件拖曳到舞台中。选择第 60 帧，按 F6 键插入关键帧，之后在第 1 帧和第 60 帧之间创建传统补间动画。

**5** 新建图层 3，重命名为"引导层 1"，选择第 1 帧，选择"椭圆工具"，设置笔触颜色为白色，笔触为 3 像素，填充颜色为无，绘制一个椭圆形轮廓线。使用"橡皮擦工具"在轮廓线上擦出一个缺口，如图 15-3 所示。在"引导层 1"图层上右击，在快捷菜单中选择"引导层"命令，将该图层设置为引导层。使用"选择工具"将"电子 1"图层拖曳到"引导层 1"图层下方，实现引导关联，如图 15-4 所示。

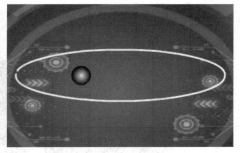

图 15-3 绘制一个椭圆形轮廓线并擦出缺口

图 15-4　实现引导关联

**6** 调整电子中心点在轮廓线上的位置。选择"电子 1"图层的第 1 帧上的实例，将该实例拖曳到轮廓线的一端，可以放到缺口上方的轮廓线上。选择第 60 帧上的实例，将该实例拖曳到缺口下方的轮廓线上，如图 15-5 所示。

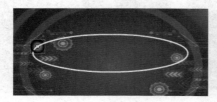

图 15-5　调整电子中心点在轮廓线上的位置

**7** 选择"引导层 1"图层，选择"新建图层"命令，新建图层 4 并重命名为"电子 2"。选择第 1 帧，将库中的"电子"影片剪辑元件拖曳到舞台中，在第 60 帧处插入关键帧，在第 1 帧和第 60 帧之间创建传统补间动画。

**8** 选择"电子 2"图层，选择"新建图层"命令，新建图层 5 并重命名为"引导层 2"。选择"引导层 1"中的轮廓线，按快捷键 Ctrl+C 复制，选择"引导层 2"的第 1 帧，按快捷键 Ctrl+Shift+V 实现在当前位置粘贴。在轮廓线被选中的状态下，使用"变形"面板旋转 –45°，如图 15-6 所示。右击"引导层 2"，在快捷菜单中选择"引导层"命令，将"电子 2"图层拖曳到"引导层 2"下方。选择"电子 2"图层第 1 帧和第 60 帧上的实例，分别调整至"引导层 2"上轮廓线缺口的两侧，如图 15-7 所示。

图 15-6　旋转线

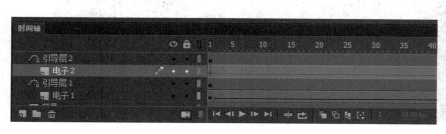

图 15-7　调整"电子 2"图层在轮廓线上的位置

**9** 选择"引导层 2"图层，选择"新建图层"命令，新建图层 6 并重命名为"电子 3"，在该图层上制作"电子"影片剪辑元件的传统补间动画，如图 15-8 所示。在"电子 3"图层上新建图层并重命名为"引导层 3"，将"引导层 2"图层中的轮廓线复制到"引导层 3"图层中，并使用"变形"面板旋转 −90°。更改"引导层 3"图层为引导层，将"电子 3"图层拖曳到"引导层 3"图层下方。调整"电子 3"图层中第 1 帧和第 60 帧上实例的位置到轮廓线缺口两侧，如图 15-9 所示。

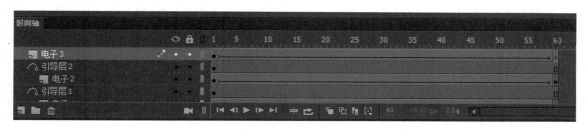

图 15-8　制作传统补间动画

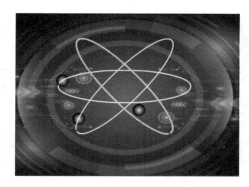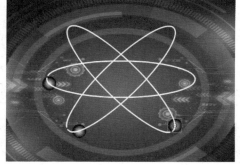

图 15-9　调整"电子 3"图层在轮廓线上的位置

**10** 制作总路径。选择"引导层 3"图层，选择"新建图层"命令，新建图层 7 并重命名为"总路径"。选择"选择工具"，按住 Ctrl 键单击，将舞台上的 3 个轮廓线选中，按快捷键 Ctrl+C 复制，随后选择"总路径"图层的第 1 帧，按快捷键 Ctrl+Shift+V 实现在当前位置粘贴，如图 15-10 所示。

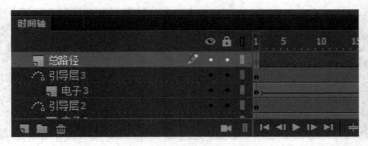

图 15-10 制作总路径

**11** 按快捷键 Ctrl+Enter 测试影片效果。保存文件，文件名为"运动的电子"，并导出为"运动的电子 .swf"影片文件。

### 知识小贴士

#### 1. 引导层动画

引导层动画是通过分别修改图层的属性为引导层和被引导层而制作出的一种动画类型。引导层上的对象类型为连续的非闭合路径，被引导层上的动画类型为传统补间动画。在关联引导层和被引导层后，可实现被引导层上的对象沿着引导层上的路径进行运动的动画效果。

#### 2. 引导层和被引导层

引导层有普通引导层和传统运动引导层两种类型。普通引导层主要用于辅助静态对象定位，并且可以不产生被引导层，单独使用；传统运动引导层为关联了被引导层的图层，可使被引导层沿引导层中的路径运动。

#### 3. 引导层动画的制作技巧

（1）引导层上的路径为连续的非闭合路径。要使用封闭曲线，需要用"橡皮擦工具"将路径断开。

（2）多引导层动画：引导层只能有一个，被引导层可以有多个。

（3）由于引导层中的路径在文件输出时不可见，所以可以将路径重新复制到一个新的图层上进行显示。

（4）制作引导动画时，在起始关键帧上，对象的中心点要对准路径的起始端点；在结束关键帧上，对象的中心点要对准路径的结束端点。"属性"面板中的"调整到路径"选项可以使对象随运动路径方向的改变而调整方向。

（5）引导层和被引导层的关联解除操作：将鼠标指针移动到被引导层上，按住鼠标左键拖曳被引导层离开引导层，或在引导层上右击，在快捷菜单中选择"一般"命令。

# 案例16 制作"水波纹"动画效果

使用遮罩层动画将给定的一幅"水族"图片制作出"水波纹"动画效果,如图16-0所示。

图16-0 水波纹

## 实训步骤

**1** 新建ActionScript 3.0文档,设置文档大小为宽550像素、高400像素。

**2** 选择"文件"|"导入"|"导入到舞台"命令,打开"导入"对话框,选择"水族"图像。在"属性"面板中,设置图像的"宽"为550像素、"高"为400像素,"X"和"Y"均为0像素,将图层命名为"水族",如图16-1所示。

图16-1 导入"水族"图像

**3** 右击"水族"图层,在弹出的快捷菜单中选择"复制图层"命令,复制"水族复制"图层。选择"水族复制"图层上的图像,在"属性"面板中设置"X"为0像素,"Y"为−1像素,如图16-2所示。

图 16-2 复制"水族"图层并调整位置参数

**提个醒**: 在复制图层后，一定要更改复制图层上图像的 Y，使两个图层上的图像错开一些位置，这样完成遮罩层动画后才会出现"水波"效果。

**4** 选择"插入"|"新建元件"命令或按快捷键 Ctrl+F8，打开"创建新元件"对话框，新建一个名为"水波"的影片剪辑元件，单击"确定"按钮，如图 16-3 所示。

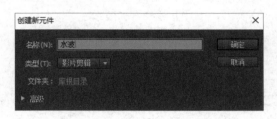

图 16-3 创建"水波"影片剪辑元件

**5** 进入"水波"影片剪辑元件的编辑窗口，选择"矩形工具"，设置笔触颜色为无，填充颜色为 #006699（填充颜色可任意选择，不做要求），绘制一个宽为 550 像素、高为 10 像素的矩形。选择"选择工具"，改变矩形的形状，拉出弧度。选择弧形矩形，按住 Alt 键向下拖曳，复制出多个相同的图形，如图 16-4 所示。

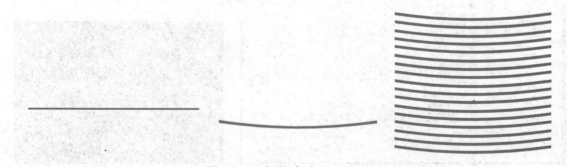

图 16-4 制作多个弧形矩形

**6** 返回场景 1，在"水族复制"图层被选中的情况下，选择"新建图层"命令，新建图层 2 并重命名为"遮罩层"。按快捷键 Ctrl+L 打开"库"面板，将"水波"影片剪辑元件拖曳到舞台中，并将实例底部与舞台底部对齐，如图 16-5 所示。

图 16-5　创建遮罩层并将"水波"影片剪辑元件拖入舞台

**7** 选择"遮罩层"、"水族复制"和"水族"图层的第 100 帧，按 F5 键延长帧，如图 16-6 所示。在"遮罩层"图层上右击，在弹出的快捷菜单中选择"创建补间动画"命令为遮罩层创建补间动画，如图 16-7 所示。选择"遮罩层"图层的第 50 帧，将"水波"实例向上拖曳至顶部，与舞台顶部对齐。选择第 100 帧，将"水波"实例的底部与舞台底部对齐，如图 16-8 所示。

图 16-6　延长帧

图 16-7　为遮罩层创建补间动画

图 16-8　"水波"实例的底部与舞台底部对齐

**8** 在"遮罩层"图层上右击，在弹出的快捷菜单中选择"遮罩层"命令，遮罩层下方的"水族 复制"图层会被自动识别为被遮罩层并锁定，如图 16-9 所示。

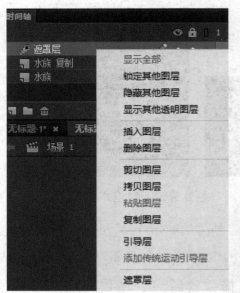

图 16-9　设置被遮罩层并锁定

**9** 按快捷键 Ctrl+Enter 测试影片效果。保存文件，文件名为"水波纹效果"，并导出为"水波纹效果 .swf"影片文件。

🔔 知识小贴士

### 1. 遮罩层动画原理

遮罩层是一种用处极大的特殊图层，通过遮罩层内的图形可以看到被遮罩层中的内容。制作遮罩层动画至少需要 2 个图层，即遮罩层和被遮罩层。时间轴上位于上层的图层是遮罩层，这个图层中的对象就像一个窗口，透过它的填充区域可以看到位于下方的被遮罩层中的区域，而任何的非填充区域都是不透明的，被遮罩层在此区域中的图像是不可见的。

### 2. 创建遮罩层动画

要创建遮罩层，可以在普通层上右击，在弹出的快捷菜单中选择"遮罩层"命令，此时，该图层的图标会变为 ⬤ ，表明该图层已被转换为遮罩层，而紧贴它的下方图层会自动转换为被遮罩层 ▣ 。

### 3. 遮罩层与被遮罩层关联的设置与取消

1）遮罩层与普通图层的关联设置

● 在时间轴的"图层"面板中，将现有的图层直接拖曳到遮罩层下方即可实现关联。

● 也可以右击普通图层，在弹出的快捷菜单中选择"属性"命令，打开"图层属性"对话框，如图 16-10 所示。在"类型"单选按钮组中选择"被遮罩"单选按钮，随后单击"确定"按钮即可。

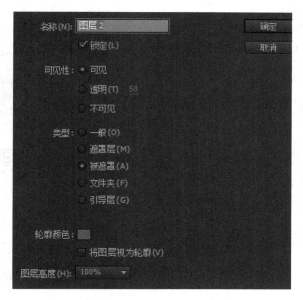

图 16-10 "图层属性"对话框

2）遮罩层与被遮罩层关联的取消

- 选择被遮罩层，将其拖曳出舞台。
- 也可以右击被遮罩层，选择"属性"命令，打开"图层属性"对话框，在"类型"单选按钮组中单击"一般"按钮，随后单击"确定"按钮即可。

4. 遮罩层中的对象选择

遮罩层中的对象可以是填充的形状、文字、图形实例或影片剪辑实例等，但不能是线条。如果必须使用线条作为遮罩层上的对象，则必须选择"修改"|"形状"|"将线条转换为填充"命令，将线条转换为填充，如图 16-11 所示。另外，在使用文字或实例制作遮罩效果且不能出现遮罩时，可以选择"修改"|"分离"命令或按快捷键 Ctrl+B，将对象分离。

图 16-11 将线条转换为填充

5. 设置动画效果

在制作遮罩层动画时，可以在遮罩层上设置动画效果，也可以在被遮罩层上设置动画效果，前面所学的动画类型均可以使用，如逐帧动画、补间形状动画、传统补间动画和补间动画等。

## 案例 **17**　制作"圆圈人"骨骼动画效果

使用"骨骼工具"制作"圆圈人"骨骼动画效果，掌握骨骼动画的制作技巧，如图 17-0 所示。

图 17-0　圆圈人

**实 训 步 骤**

**1** 新建 ActionScript 3.0 文档，文档大小默认。

**2** 选择"插入"|"新建元件"命令或按快捷键 Ctrl+F8，打开"创建新元件"对话框，创建一个名为"圆圈"的影片剪辑元件，如图 17-1 所示，单击"确定"按钮，进入"圆圈"影片剪辑元件的编辑窗口。选择"椭圆工具"，设置笔触颜色为无，填充颜色为 #CCCCCC，绘制一个宽为 60 像素、高为 100 像素的椭圆形，打开"对齐"面板，勾选"与舞台对齐"复选框，单击"水平中齐"和"垂直中齐"按钮。

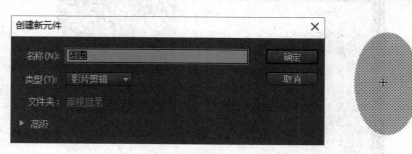

图 17-1　创建"圆圈"影片剪辑元件

**3** 选择"插入"|"新建元件"命令，打开"创建新元件"对话框，创建一个名为"圆圈人"的影片剪辑元件，单击"确定"按钮，进入"圆圈人"影片剪辑元件的编辑窗口。打开"库"面板，将"圆圈"影片剪辑元件拖曳到舞台中，充当圆圈人的头部。按住 Alt 键，拖曳复制出一个椭圆形，放在圆圈人头部的下方。打开"变形"面板，设置宽、

高参数，调整显示比例为 160%，调整椭圆形的位置，将其用作圆圈人的身体，如图 17-2 所示。

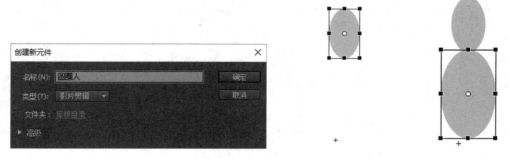

图 17-2　创建"圆圈人"影片剪辑元件

4 选择圆圈人身体的椭圆形，按住 Alt 键拖曳复制，打开"变形"面板，解除宽高约束比，设置缩放宽度为 50%，缩放高度为 120%，旋转角度为 16°。选择圆圈人头部的椭圆形，按住 Alt 键拖曳复制，在"变形"面板中设置缩放宽度为 80%，缩放高度为 35%，调整椭圆形的位置，如图 17-3 所示。

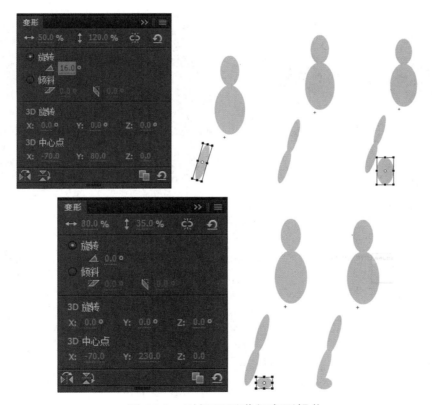

图 17-3　对椭圆形进行变形操作

5 使用"选择工具"框选步骤 4 中调整好的椭圆形，按住 Alt 键拖曳复制并调整位置，将其分别放在身体两侧，充当圆圈人的两个上肢和两个下肢。使用"任意变形工具"调整两个上肢的大小，如图 17-4 所示。

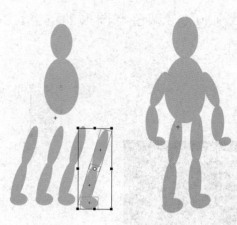

图 17-4　制作圆圈人的四肢

**6** 选择"骨骼工具"，从圆圈人身体的中心位置出发，按住鼠标左键向上拖曳连接头部，在身体和头部之间形成一个骨骼。随后，再次从身体的中心位置出发，按住鼠标左键向左侧上臂拖曳形成骨骼，之后从上臂连接到前臂再到手掌，重复操作连接右臂，形成骨骼，如图 17-5 所示。

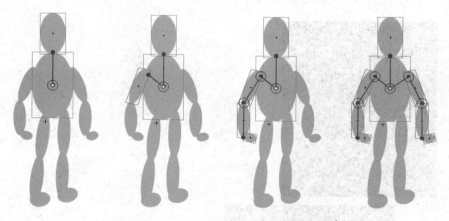

图 17-5　为头部和上肢添加骨骼

**7** 使用同样的方法，从身体的中心位置出发，连接两个下肢形成骨骼，如图 17-6 所示。

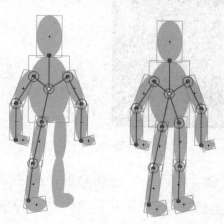

图 17-6　为下肢添加骨骼

**8** 骨骼创建完成后，在"时间轴"面板的图层控制区中新增了一个"骨架_1"图层，原来的"图层1"变为空图层，如图17-7所示。

图 17-7 "骨架_1"图层

**9** 选择"骨架_1"图层，在第60帧处按F5键延长帧。"骨架_1"图层上的帧为绿色背景。选择第15帧，使用"选择工具"调整四肢的姿势。分别选择第30帧、第45帧和第60帧，调整圆圈人的姿势，如图17-8所示。

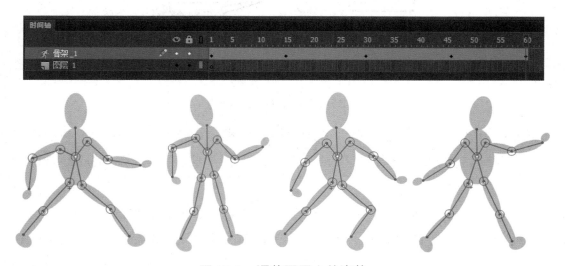

图 17-8 调整圆圈人的姿势

**10** 返回场景1，选择图层1的第1帧，按快捷键Ctrl+L打开"库"面板，将圆圈人影片剪辑元件拖曳到舞台中。打开"变形"面板，调整缩放比例为70%，选择图层1的第60帧，按F5键延长帧，在第1~60帧的任意位置上右击，在快捷菜单中选择"补间动画"命令。选择第60帧，将圆圈人移动到舞台右侧，形成圆圈人从左侧跑到右侧的动画效果。

**11** 按快捷键Ctrl+Enter测试影片效果。保存文件，文件名为"圆圈人骨骼动画"，并导出为"圆圈人骨骼动画.swf"文件。

---

🔔 **知识小贴士**

### 1. 骨骼动画

骨骼动画是把角色的各部分通过"骨骼工具"绑定到一根根相互连接和作用的"骨头"上，是通过控制这些骨骼的位置、旋转方向和缩放比例而生成的动画。

2. 通过两种方式使用"骨骼工具"

（1）使用"骨骼工具"将实例连接在一起，通过关节（见图 17-9）连接一系列的骨骼。

（2）使用"骨骼工具"向形状对象内部添加骨骼。在添加骨骼时，Animate CC 2017 会自动创建与对象关联的骨架，并将其移动到姿势图层。

3. 骨骼的相关概念

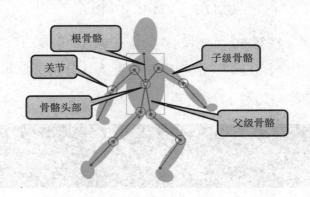

图 17-9　骨骼的相关概念

（1）通过"骨骼工具"创建的第一个骨骼是根骨骼，用于连接身体的中心位置和头部。每个骨骼都由头部、线和尾部组成。骨骼与骨骼的连接部位称为关节，关联的骨骼相连接形成骨架，如图 17-9 所示。

（2）正向运动（FK）和反向运动（IK）：正向运动是指父对象的动作会影响子对象，而子对象的动作不会影响父对象，正向运动中的动作是向下传递的；反向运动中，在父对象进行位移、旋转或缩放等动作时，其子对象会受到影响，反之，子对象的动作也会影响父对象，反向运动的动作是双向传递的。

4. 骨骼的操作

（1）选择骨骼：若要选择单个骨骼，则可以使用"选择工具"单击骨骼；若要选择多个骨骼，则可以按住 Shift 键单击要选择的骨骼。在某个骨骼上双击，可快速选择整个骨架。若要选择整个骨架并显示骨架的属性和骨架图层，则可以单击图层中包含骨架的帧。

（2）删除骨骼：若要删除某个骨骼，则可以选中某个骨骼按下 Delete 键；若要删除所有骨骼，则可以选中形状对象或骨架中的所有实例，选择"修改"|"分离"命令删除整个骨骼。

（3）移动骨骼：选择"选择工具"，拖曳骨骼或实例的位置可移动骨骼。若要移动单个实例的位置，则可以按住 Alt 键拖曳该实例或使用"任意变形工具"拖曳；若要将某个骨骼与子级骨骼一起旋转却不移动父级骨骼，则可以按住 Shift 键拖曳该骨骼。

5. 创建骨骼动画

创建骨骼动画是向骨架图层中添加姿势，即在要插入姿势的帧上右击，在快捷菜单中选择"插入姿势"命令，之后使用"选择工具"修改骨架的姿势。每个插入姿势的图层都会自动充当补间图层。

## 案例 18　制作"小球的 3D 运动"动画效果

使用 3D 工具实现小球在立体空间中运动的动画效果，如图 18-0 所示。

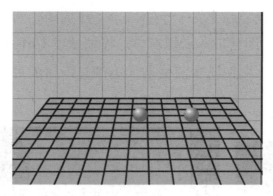

图 18-0　小球的 3D 运动

**实训步骤**

1　新建 ActionScript 3.0 文档，设置文档大小为宽 550 像素、高 400 像素，舞台颜色为 #CCCCCC。

2　选择"插入"|"新建元件"命令或按快捷键 Ctrl+F8，打开"创建新元件"对话框，创建一个名为"网格"的影片剪辑元件，单击"确定"按钮，进入"网格"影片剪辑元件的编辑窗口。选择"视图"|"网格"|"显示网格"命令，显示网格线。在编辑窗口中右击，在弹出的快捷菜单中选择"编辑网格"命令，打开"网格"对话框，设置网格的宽、高均为 50 像素，如图 18-1 所示。

图 18-1　创建"网格"影片剪辑元件并显示网格

3　选择"矩形工具"，设置笔触颜色为 #2A2A2A，笔触为 3 像素，填充颜色为 #FF9933，在编辑窗口中绘制一个 11 行 13 列的矩形。选择"线条工具"，在矩形内部绘制方格，如图 18-2 所示。

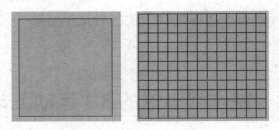

图 18-2　在矩形内部绘制方格

**4** 返回场景 1，双击图层 1 重命名为"网格"，将库中的"网格"影片剪辑元件拖曳到舞台中。双击"网格"图层进入编辑窗口，按快捷键 Ctrl+A 全选网格，单击"任意变形工具"中的"扭曲"按钮，参照舞台大小调整网格的形状，形成上窄下宽的视觉效果，如图 18-3 所示。

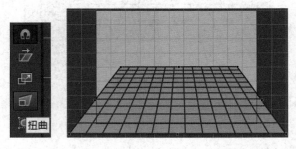

图 18-3　使用"任意变形工具"调整"网格"实例

**5** 选择"插入"|"新建元件"命令，打开"创建新元件"对话框，创建一个名为"球"的影片剪辑元件，单击"确定"按钮，进入影片剪辑元件的编辑窗口。选择"椭圆工具"，设置笔触颜色为无，填充颜色为从 #FFFFFF 到 #1B7ED4 的径向渐变，按住快捷键 Alt+Shift，在窗口中心处绘制一个宽、高均为 70 像素的正圆形。选择"渐变变形工具"，调整"球"影片剪辑元件渐变中心点的位置，如图 18-4 所示。

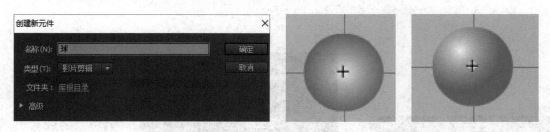

图 18-4　创建"球"影片剪辑元件并调整其渐变中心点的位置

**6** 返回场景 1，在"网格"图层上新建图层并重命名为"球 1"，打开"库"面板，将"球"影片剪辑元件拖曳到舞台中。选择"网格"和"球 1"图层的第 100 帧，按 F5 键延长帧。之后在"球 1"图层上右击，在弹出的快捷菜单中选择"创建补间动画"命令，选择第 1 帧，选择工具箱中的"3D 平移工具"，在"属性"面板中修改"3D 定位和视图"选项组中的参数，设置透视角度为 90°，消失点的"X"为 276 像素、

"Y"为140像素。选择第50帧上的实例，在"属性"面板中修改"3D定位和视图"选项组中的参数，设置"X"为670像素、"Y"为350像素、"Z"为700像素。选择第100帧上的实例，在"属性"面板中修改"3D定位和视图"选项组中的参数，设置"X"为425像素，"Y"为350像素，"Z"为0像素，制作"球1"的3D平移效果，如图18-5所示。

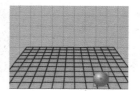

图18-5　制作"球1"的3D平移效果

**7** 在"球1"图层上右击，在弹出的快捷菜单中选择"复制图层"命令，将复制出的"球1复制"图层重命名为"球2"。选择"球2"图层的第1帧，在"属性"面板中修改"3D定位和视图"选项组中的参数，设置"X"为278像素，其他参数不变；选择第50帧上的实例，在"属性"面板中修改"3D定位和视图"选项组中的参数，设置"X"为309像素，其他参数不变；选择第100帧上的实例，在"属性"面板中修改"3D定位和视图"选项组中的参数，设置"X"为278像素，其他参数不变，制作"球2"的3D平移效果，如图18-6所示。

图18-6　制作"球2"的3D平移效果

**8** 按快捷键Ctrl+Enter测试影片效果。保存文件，文件名为"小球3D运动"，并导出为"小球3D运动.swf"影片文件。

 **知识小贴士**

### 1. 3D工具

（1）"3D旋转工具" 可以在3D空间内移动影片剪辑实例，使实例能沿 X 轴、Y 轴

和 $Z$ 轴进行旋转。选中舞台上的影片剪辑实例，选择"3D 旋转工具"，3D 旋转控件会显示在选定实例的上方，$X$ 轴控件显示为红色，$Y$ 轴控件显示为绿色，$Z$ 轴控件显示为蓝色，橙色自由旋转控件可以同时围绕 $X$ 轴和 $Y$ 轴旋转，如图 18-7 所示。"3D 旋转工具"默认为全局模式 ，在全局模式下的 3D 空间中旋转对象与相对于舞台移动对象的效果相同。在局部模式下的 3D 空间中旋转对象与相对于影片剪辑空间移动对象的效果相同。

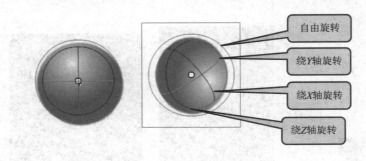

自由旋转

绕 $Y$ 轴旋转

绕 $X$ 轴旋转

绕 $Z$ 轴旋转

图 18-7　3D 旋转工具

（2）"3D 平移工具" 可以在 3D 空间中移动影片剪辑实例，使对象能沿 $X$ 轴、$Y$ 轴和 $Z$ 轴方向移动。选中舞台上的影片剪辑实例，选择"3D 平移工具"，3D 平移控件会显示在选定实例的上方，$X$ 轴控件显示为红色，$Y$ 轴控件显示为绿色，$Z$ 轴控件显示为红绿线相交处的黑点。"3D 平移工具"默认为全局模式 ，在全局模式下移动对象与相对于舞台移动对象的效果相同。在局部模式下的 3D 空间中移动对象与相对于影片剪辑元件移动对象效果相同，如图 18-8 所示。

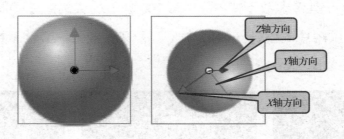

$Z$ 轴方向

$Y$ 轴方向

$X$ 轴方向

图 18-8　3D 平移工具

## 2. 重新定位 3D 旋转和 3D 平移中心点

（1）直接拖曳中心点，可以将中心点移动到任意位置。

（2）双击中心点，可以将中心点移动到对象的中心位置。

（3）在"变形"面板中修改 3D 中心点的位置，如图 18-9 所示。

## 3. 透视角度和消失点

透视角度和消失点能控制 3D 动画在舞台上的外观视角和 $Z$ 轴方向。透视角度用于控制 3D 影片剪辑实例在 3D 变

图 18-9　修改 3D 中心点的位置

换中的外观视角，增大透视角度可以使影片剪辑实例看起来距离观察者更近；减小透视角度可以使影片剪辑实例看起来距离观察者更远，这种效果与镜头的缩放类似。在"属性"面板中可以修改数值调整透视角度📷，默认透视角度为 55°，取值范围为 1°～179°。消失点用于控制 3D 影片剪辑元件在沿 Z 轴移动时朝着消失点后退，消失点的位置即元件变成一个小点或消失的位置。消失点是一个文档属性，它会影响应用了 Z 轴平移的所有影片剪辑元件，默认消失点的位置在舞台中心。

## 案例 19　制作"海面飘雾"动画效果

通过滤镜效果制作"海面飘雾"动画效果。在茫茫的大海上，一片片白雾飘过海面，如临仙境，如图 19-0 所示。

图 19-0　海面飘雾

### 实 训 步 骤

**1** 新建 ActionScript 3.0 文档，设置文档大小为宽 1280 像素、高 900 像素，舞台颜色为 #000000。

**2** 选择"文件"|"导入"|"导入到舞台"命令，打开"导入"对话框，选择"海面"图像。在"属性"面板的"位置和大小"选项组中设置"X"和"Y"均为 0 像素，将图像与舞台对齐。将图层 1 重命名为"背景"并锁定图层，如图 19-1 所示。

图 19-1　导入"海面"图像

**3** 选择"插入"|"新建元件"命令，打开"创建新元件"对话框，创建一个名为"雾"的影片剪辑元件，单击"确定"按钮，进入影片剪辑元件的编辑窗口。选择"椭圆工具"，设置笔触颜色为无，填充颜色为白色，在舞台上绘制多个椭圆形，如图 19-2 所示。

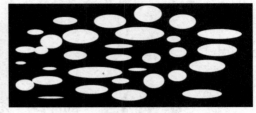

图 19-2　创建"雾"影片剪辑元件并绘制椭圆形

**4** 返回场景 1，新建图层 2，并重命名为"飘雾"，选择第 1 帧，将"雾"影片剪辑元件拖曳到舞台中。设置舞台的显示比例为 50%，将舞台中的"雾"影片剪辑实例移动到舞台右侧并选中该实例，在"属性"面板的"滤镜"选项组中选择"模糊"效果，设置"模糊 X"和"模糊 Y"均为 191 像素，"品质"为"高"，为"雾"影片剪辑实例添加滤镜，如图 19-3 所示。

图 19-3　为"雾"影片剪辑实例添加滤镜

**5** 选择"背景"和"飘雾"图层的第 100 帧，按 F5 键延长帧，在"飘雾"图层上右击，在弹出的快捷菜单中选择"创建补间动画"命令，选择第 100 帧，将"雾"影片剪辑实例拖曳到舞台右侧，如图 19-4 所示。

图 19-4　创建补间动画

**6** 按快捷键 Ctrl+Enter 测试影片效果。保存文件，文件名为"海面飘雾"，并导出为"海面飘雾 .swf"影片文件。

知识小贴士

1. 滤镜效果

Animate CC 2017 允许对文本、影片剪辑元件或按钮元件添加滤镜效果，包括"投影"、"模糊"、"发光"、"斜角"、"渐变发光"、"渐变斜角"和"调整颜色"。

（1）"投影"滤镜是模拟对象投影到一个表面的效果，如图 19-5 所示。"投影"滤镜中的属性的含义如下。

- "模糊 X"和"模糊 Y"：用于设置投影的宽度和高度。
- "强度"：用于设置投影的阴影明暗度。
- "品质"：用于设置投影的质量级别。
- "角度"：用于设置投影的角度，取值为 0°～360°。
- "距离"：用于设置投影与对象之间的距离。
- "挖空"：勾选该复选框可将对象实体从投影上删除。
- "内阴影"：勾选该复选框可在对象边界范围内应用阴影效果。
- "隐藏对象"：勾选该复选框可将对象实体隐藏，只显示投影颜色。
- "颜色"：用于设置投影颜色。

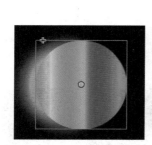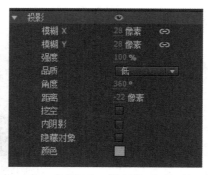

图 19-5 "投影"滤镜

（2）"模糊"滤镜可以柔化对象的边缘和细节，如图 19-6 所示。"模糊"滤镜中的属性的含义如下。

- "模糊 X"和"模糊 Y"：用于设置模糊的宽度和高度。
- "品质"：用于设置模糊的质量级别。

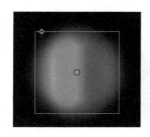

图 19-6 "模糊"滤镜

（3）"发光"滤镜可以在对象周边应用颜色，为当前对象赋予光晕效果，如图 19-7 所示。"发光"滤镜中的属性的含义如下所示。

- "模糊 X"和"模糊 Y"：用于设置发光的宽度和高度。
- "强度"：用于设置光晕的明暗度。
- "品质"：用于设置发光的质量级别。
- "颜色"：用于设置发光的颜色。
- "挖空"：可将对象实体隐藏，只显示发光。
- "内发光"：勾选该复选框可在对象边界范围内应用发光。

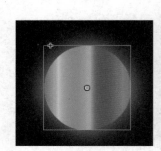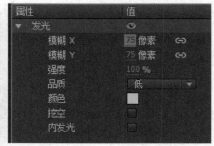

图 19-7　"发光"滤镜

（4）"斜角"滤镜可以向对象应用加亮效果，使其产生一种突出于背景表面的凸起效果，如图 19-8 所示。斜角滤镜的属性包括"模糊 X"、"模糊 Y"、"强度"、"品质"、"阴影"、"加亮显示"、"角度"、"距离"、"挖空"和"类型"。它在"投影"滤镜的基础上添加了"阴影"和"加亮显示"的颜色控件。"类型"下拉列表中的选项用于设置不同的立体效果。

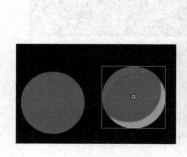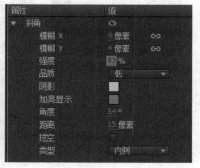

图 19-8　"斜角"滤镜

（5）"渐变发光"滤镜可以使对象表面产生带渐变颜色的发光效果，如图 19-9 所示。渐变发光要求渐变开始处颜色的 Alpha 值为 0，不可以移动渐变发光的开始位置，但可以改变其颜色。"类型"下拉列表中的选项用于设置发光效果，有"内侧"、"外侧"和"全部"三个选项。

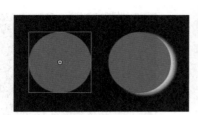

图 19-9　"渐变发光"滤镜

（6）"渐变斜角"滤镜可以使对象产生一种凸起效果，且斜角表面有渐变颜色，如图 19-10 所示。"渐变斜角"滤镜在设置渐变颜色时，要求其中一种颜色的 Alpha 值为 0，渐变斜角 立体效果是通过渐变颜色来实现的。

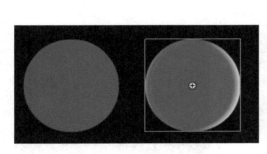

图 19-10　"渐变斜角"滤镜

（7）"调整颜色"滤镜可以调整对象的"对比度"、"亮度"、"饱和度"和"色相"，如图 19-11 所示。"调整颜色"滤镜属性的主要参数含义如下。

- "对比度"：用于调整图像的加亮、阴影及中调。
- "亮度"：用于调整图像的亮度。
- "饱和度"：用于调整颜色的强度。
- "色相"：用于调整颜色的深浅。

图 19-11　"调整颜色"滤镜

## 2. 艺术字效果

对文本应用滤镜效果，可以产生多种艺术字效果。对同一个对象可以同时应用多种滤镜效果。例如，图 19-12（a）所示为对文本同时应用了"发光"和"渐变斜角"滤镜效果，图 19-12（b）所示为对文本同时应用了"发光"和"渐变发光"滤镜效果。

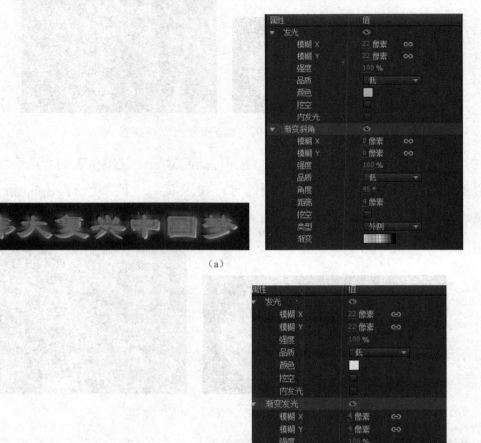

图 19-12　为文本添加滤镜效果

## 一、基础知识练习

1. 引导层上的对象类型为连续的非闭合路径，被引导层上的动画类型只能为（　　）动画。

2. 引导层有普通引导层和（　　）引导层两种类型。

3. （　　）引导层为关联了被引导层的图层，可使被引导层沿引导层中的路径运动。

4. 在制作遮罩层动画时，时间轴上位于上层的图层是（　　），该图层中的对象就像一个窗口，透过它的填充区域可以看到位于下方的被遮罩层中的区域。

5.（　　）动画是把角色的各部分使用"骨骼工具"绑定到一根根相互连接和作用的"骨头"上。

6. 遮罩层中的对象可以是填充的（　　）、文字对象、图形实例或影片剪辑实例等。

7. 在使用文字或实例制作遮罩效果且不能出现遮罩时，可试着将对象进行（　　）。

8. 通过"骨骼工具"创建骨骼，第一个骨骼是（　　）骨骼，用于连接身体的中心位置和头部。

9.（　　）运动当父对象进行位移、旋转或缩放等动作时，其子对象会受到影响，反之，子对象的动作也会影响父对象。

10.（　　）用于控制 3D 影片剪辑实例在 3D 变换中的外观视角。

11. "属性"面板中的（　　）选项可使对象随运动路径方向的改变而调整方向。

  A. 调整到路径  B. 沿路径着色  C. 沿路径缩放  D. 同步

12. 在"图层属性"对话框中单击（　　）单选按钮，可以将图层设置为遮罩层。

  A. 一般    B. 遮罩层    C. 被遮罩    D. 引导层

13. 线条不能作为遮罩层中的对象，若需要使用线条，则必须选择（　　）|"形状"|"将线条转换为填充"命令，将线条转化为填充。

  A. 编辑    B. 窗口    C. 修改    D. 插入

14. 若要将某个骨骼与子级骨骼一起旋转却不移动父级骨骼，则可以按住（　　）键拖曳该骨骼。

  A. Shift    B. Alt    C. Ctrl    D. Delete

15. "3D 旋转工具"的 $X$ 轴控件显示为（　　）色。

  A. 绿    B. 蓝    C. 红    D. 橙

16. "3D 平移工具"的（　　）轴显示为红绿线相交处的黑点。

  A. $X$    B. $Y$    C. $Z$    D. $N$

17. 消失点用于控制 3D 影片剪辑元件在沿（　　）轴移动时会朝着消失点后退。

  A. $X$    B. $Y$    C. $Z$    D. $N$

18.（　　）滤镜是模拟对象投影到一个表面的效果。

  A. 发光    B. 斜角    C. 模糊    D. 投影

19.（　　）滤镜可以在对象周边应用颜色，为当前对象赋予光晕效果。

  A. 发光    B. 斜角    C. 模糊    D. 投影

20.（　　）滤镜可以向对象应用加亮效果，使其产生一种突出于背景表面的凸起效果。

  A. 发光    B. 斜角    C. 模糊    D. 投影

## 二、技能操作练习

1. 使用给定素材制作引导层动画火箭发射，如图 19-13 所示。

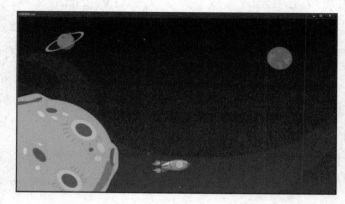

图 19-13　火箭发射

2. 制作引导层动画化蝶飞，如图 19-14 所示。

图 19-14　化蝶飞

3. 制作引导层动画弹跳小球，如图 19-15 所示。

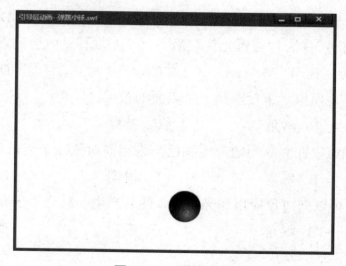

图 19-15　弹跳小球

4. 制作引导层动画投篮，如图 19-16 所示。

5. 制作遮罩层动画沙漏，如图 19-17 所示

图 19-16　投篮

图 19-17　沙漏

6. 制作遮罩层动画放大镜，如图 19-18 所示。

图 19-18　放大镜

7. 制作遮罩层动画卷轴画，如图 19-19 所示。

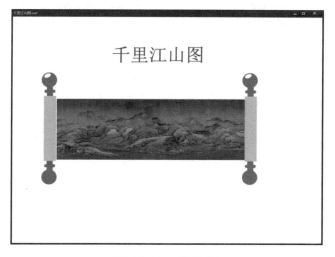

图 19-19　卷轴画

8. 制作骨骼动画蠕动的毛毛虫，如图 19-20 所示。

9. 使用引导层动画制作元件实例沿文字外轮廓运动，如图 19-21 所示。

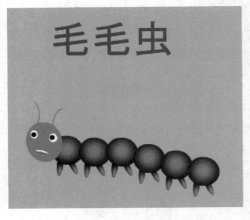

图 19-20　蠕动的毛毛虫　　　　　　　　图 19-21　元件实例沿文字外轮廓运动

10. 制作遮罩层动画金色光芒，如图 19-22 所示。

11. 制作使用滤镜动画的特殊文字效果，如图 19-23 所示。

图 19-22　金色光芒　　　　　　　　　图 19-23　使用滤镜动画的特殊文字效果

# 项目九

# 导入外部对象

Animate CC 2017 允许导入外部位图、声音和视频等多媒体文件，从而为动画制作提供了更多的创作素材。本项目的学习目标如下。

**知识目标：**

- 熟悉图形文件的导入与编辑。
- 熟练掌握声音文件的导入与编辑方法，以及歌词同步动画效果的制作方法。
- 掌握视频文件的导入与使用。

**技能目标：**

- 能够熟练编辑图形和声音文件。
- 能够制作歌词同步的动画效果。

**素养目标：**

- 感悟莲花"出淤泥而不染"的品质，提高学生的审美情趣，培养学生的人文素养。
- 通过党史教育，弘扬伟大建党精神，培育学生的家国情怀。

## 案例 20  制作"净荷"

通过导入位图、添加滤镜效果制作"净荷"，如图 20-0 所示。

图 20-0　净荷

**实训步骤**

**1** 新建 ActionScript 3.0 文档，设置文档大小为宽 550 像素，高 400 像素，舞台颜色为 #FFCC00。

**2** 选择"插入"|"新建元件"命令，打开"创建新元件"对话框，创建一个名为"荷花"的影片剪辑元件，单击"确定"按钮进入影片剪辑元件的编辑窗口。选择"椭圆工具"，设置笔触颜色为无，填充颜色为红色，绘制一个宽为 300 像素、高为 380 像素的椭圆形。打开"对齐"面板，勾选"与舞台对齐"复选框，单击"水平中齐"和"垂直中齐"按钮，创建"荷花"影片剪辑元件，如图 20-1 所示。

图 20-1　创建"荷花"影片剪辑元件

**3** 使用"选择工具"选中红色椭圆形，打开"颜色"面板，在"颜色类型"下拉列表中选择"位图填充"选项，打开"导入到库"对话框，选择"荷花"图像，单击"打开"按钮。经过以上操作，"荷花"图像就填充到椭圆形中了，如图 20-2 所示。

图 20-2　选择图像进行位图填充

**4** 选择"渐变变形工具"，拖曳左下角和正下方的控制点，调整椭圆形内部的"荷花"图像以显示完整，如图 20-3 所示。

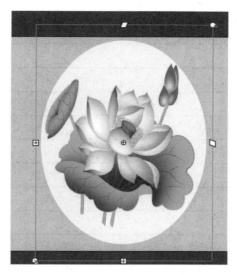

图 20-3　使用"渐变变形工具"调整填充

**5** 返回场景 1，将"荷花"影片剪辑元件拖曳到舞台中，在"属性"面板的"滤镜效果"选项组中选择"发光"效果，将"模糊 X"和"模糊 Y"均设置为 53 像素，"颜色"设置为红色，勾选"内发光"复选框为影片剪辑实例添加滤镜效果，如图 20-4 所示。

图 20-4　为影片剪辑实例添加滤镜效果

**6** 保存文件，文件名为"净荷"，并导出为位图图像"净荷 .jpg"。

**知识小贴士**

### 1. 导入的图像格式

Animate CC 2017 可以导入的图像格式如表 20-1 所示。

表 20-1　导入的图像格式

| 文件类型 | 扩展名 |
| --- | --- |
| Adobe Illustrator | .ai 或 .eps |

续表

| 文件类型 | 扩展名 |
| --- | --- |
| AutoCAD DXF | .dxf |
| JPEG | .jpg |
| BMP | .bmp |
| PNG | .png |
| GIF 和 GIF 动画 | .gif |
| Photoshop | .psd |
| Flash Player | .swf |
| MacPaint | .pntg |
| Quick Time 图像 | .qtif |
| TIFF | .tif |
| TGA | .tga |

## 2. 编辑位图

位图是制作影片时常用的图像元素之一，Animate CC 2017 中默认支持的位图类型为 BMP、JPEG 和 GIF 等。可以选择"文件"|"导入"|"导入到舞台"命令或"文件"|"导入"|"导入到库"命令导入外部的图像文件。

（1）分离位图：可将位图图像中的像素点分离到离散的区域中，这样可以分别选取这些区域进行编辑。分离位图可以选择"修改"|"分离"命令或按快捷键 Ctrl+B。在使用"选择工具"选择分离后的位图时，位图会显示为填充区域，表明该位图图像已完成分离操作，可使用"套索工具"、"魔术棒工具"、"多边形工具"和"橡皮擦工具"对其进行编辑。

（2）将位图转换为矢量图：选中导入的位图图像，选择"修改"|"位图"|"转换位图为矢量图"命令，打开"转换位图为矢量图"对话框，在完成参数设置后单击"确定"按钮，将位图转为矢量图，如图 20-5 所示。

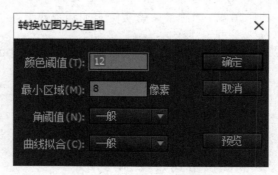

图 20-5　"转换位图为矢量图"对话框

- 颜色阈值：阈值范围为 1 ～ 500，阈值越大转换后的颜色信息丢失也越多，但转换的速度会更快。一般为保证图像不明显失真，会将该值设置在 10 ～ 20。

- 最小区域：阈值范围为 1 ～ 1000，用于设置在指定像素颜色时要考虑的周围像素的数量。阈值越小转换的精度越高，但转换速度会下降。
- 角阈值：包括 3 个选项，即"较多转角"、"一般"和"较少转角"，用于选择保留锐边或平滑处理。"较多转角"选项可使转换后矢量图中的尖角保留较多的边缘细节；"较少转角"选项则保留转换后矢量图中的尖角边缘细节较少。
- 曲线拟合：用于确定绘制轮廓的平滑程度。在该下拉列表中有"像素"、"非常紧密"、"紧密"、"正常"、"平滑"和"非常平滑"选项。

## 案例 21   制作"小星星 MV"

使用外部音频和视频素材制作"小星星 MV"，实现歌词同步的动画效果，如图 21-0 所示。

图 21-0　小星星 MV

### 实 训 步 骤

**1** 新建 ActionScript 3.0 文档，设置文档大小为宽 800 像素、高 600 像素，舞台颜色为黑色。

**2** 选择"插入" |"新建元件"命令，打开"创建新元件"对话框，创建一个名为"星星"的影片剪辑元件，单击"确定"按钮，进入影片剪辑元件的编辑窗口。选择"多角星型工具"，在"属性"面板中设置笔触颜色为无，填充颜色为黄色，单击"工具设置"选项组中的"选项"按钮，打开"工具设置"对话框，选择"样式"为"星形"，设置"边数"为 5，"星形顶点大小"为 0.5，从窗口中心处开始，绘制一个宽、高均为 96 像素的五角星形，如图 21-1 所示。

图 21-1　创建"星星"影片剪辑元件

**3** 选择"插入"|"新建元件"命令，打开"创建新元件"对话框，创建一个名为"星闪"的影片剪辑元件，单击"确定"按钮，进入影片剪辑元件的编辑窗口，将"星星"影片剪辑元件拖曳到编辑窗口，选择第 25 帧，按 F5 键延长帧，在第 1～25 帧上右击，在快捷菜单中选择"创建补间动画"命令，选择第 25 帧上的元件实例，在"属性"面板的"滤镜效果"选项组中选择"发光"效果，设置"模糊 X"和"模糊 Y"均为 53 像素，"颜色"为白色，如图 21-2 所示。选择第 1 帧上的元件实例，在"属性"面板中更改"发光"效果的颜色为白色，为"星星"影片剪辑实例添加滤镜效果，设置"模糊 X"和"模糊 Y"均为 4 像素，"颜色"为白色。

**4** 返回场景 1，双击图层 1 重命名为"星星"，多次将"星闪"影片剪辑元件拖曳到舞台中，并调整其位置和大小，如图 21-3 所示。

图 21-2　为"星星"影片剪辑实例添加滤镜效果　图 21-3　拖曳多个"星闪"影片剪辑元件到舞台中

**5** 选择"时间轴"面板中的"新建图层"命令，新建图层 2，重命名为"音乐"，选择"音乐"图层的第 1 帧，选择"文件"|"导入"|"导入到舞台"命令，打开"导入"对话框，选择素材"小星星 .mp3"文件，如图 21-4 所示。

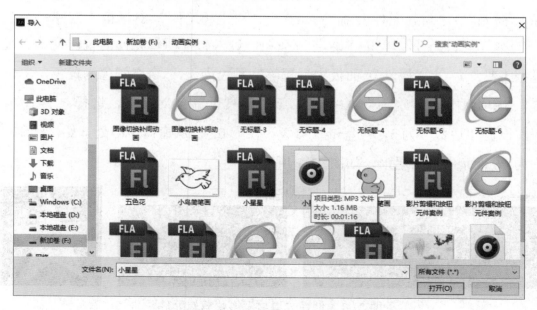

图 21-4　"导入"对话框

6 在"属性"面板"声音"选项组下的"同步"下拉列表中选择"数据流"选项,单击"效果"下拉列表右侧的按钮,打开"编辑封套"对话框,将起始播放拖曳到第 18 帧处,将结束播放拖曳到第 1745 帧处。随后,选择"音乐"和"星星"图层的第 500 帧,按 F5 键延长帧,再选择第 1000 帧,按 F5 键延长帧,最后选择第 1745 帧,按 F5 键延长帧,设置声音属性如图 21-5 所示。

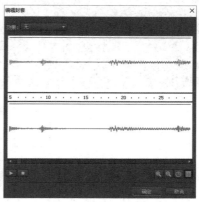

图 21-5　设置声音属性

7 选择"音乐"图层,单击"新建图层"命令,新建图层 3,重命名为"歌词",选择第 1 帧,按 Enter 键播放播放头,这时可以听到音乐响起来了,当播放头播到第 1 句歌词时,再次按 Enter 键,停止播放音乐,并在停止的位置按 F7 键,插入空白关键帧。在该帧的位置选择"文本工具",设置"系列"为"微软雅黑","大小"为 40 磅,"颜色"为黄色,在舞台中输入第 1 句歌词"一闪一闪亮晶晶",如图 21-6 所示。

图 21-6　输入第 1 句歌词

8 接着按 Enter 键继续播放,在听到第 2 句歌词响起时按 F6 键插入关键帧,并将舞台中的歌词更改为"满天都是小星星",如图 21-7 所示。

图 21-7　输入第 2 句歌词

⑨ 使用相同的方法，将整首歌的歌词填写完整。选择"歌词"图层的第 1 帧，使用"文本工具"，设置"系列"为"微软雅黑"，"大小"为 80 磅，"颜色"为红色，输入歌曲名称"小星星"，如图 21-8 所示。

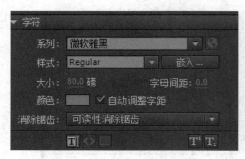

图 21-8　输入歌曲名称

⑩ 选择"时间轴"面板中的"新建图层"命令，新建图层 5，重命名为"视频"，并将该图层拖曳到底层，选择"文件"|"导入"|"导入视频"命令，打开"导入视频"对话框，选择"在 SWF 中嵌入 FLV 并在时间轴中播放"单选按钮，随后单击"浏览"按钮，打开"打开"对话框，选择要嵌入的 FLV 视频文件"几何旋转 .flv"，单击"下一步"按钮，保持"导入视频"对话框中的默认设置，单击"下一步"按钮导入视频文件，如图 21-9 所示。

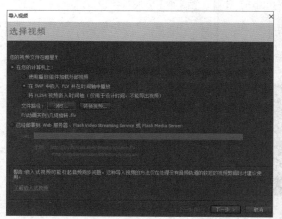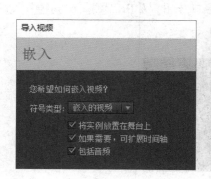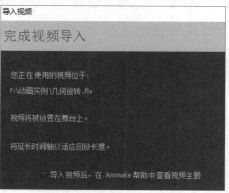

图 21-9　导入视频文件

**10** 按快捷键 Ctrl+Enter 测试影片效果。保存文件，文件名为"小星星 MV"，并导出为"小星星 MV.swf"影片文件。

🔔 **知识小贴士**

### 1. 声音类型

在 Animate CC 2017 中可以使用的声音类型包括 AIFF 声音、WAV 声音、MP3 声音和 Adobe 声音文档，如图 21-10 所示。

```
AIFF 声音 (*.aif,*.aiff,*.aifc)
WAV 声音 (*.wav)
MP3 声音 (*.mp3)
Adobe 声音文档 (*.asnd)
```

图 21-10　声音类型

### 2. 导入声音文件

（1）导入声音到库：选择"文件"|"导入"|"导入到库"命令，打开"导入到库"对话框，选择要导入的声音文件，单击"打开"按钮，将声音文件添加到"库"面板中。

（2）导入声音到舞台：选择"文件"|"导入"|"导入到舞台"命令，打开"导入"对话框，选择要导入的声音文件，单击"打开"按钮。也可以将"库"面板中的声音文件添加到舞台中，选择"窗口"|"时间轴"命令，加载声音文件图层上的帧，在"属性"面板"声音"选项组下的"名称"下拉列表中选择要加载的声音文件即可。

### 3. 编辑声音文件

"编辑封套"对话框中的主要属性如图 21-11 所示。

- "效果"下拉列表：用于设置声音的播放效果，包括"无"、"左声道"、"右声道"、"从左到右淡出"、"从右到左淡出"、"淡入"、"淡出"和"自定义"选项。
- 封套手柄：拖曳封套手柄可以改变声音在不同点上的播放音量。在封套线上单击即可创建新的封套手柄，最多可创建 8 个封套手柄。选中任意的封套手柄，将其拖曳至对话框外即可删除。
- "放大"和"缩小"按钮：用于改变窗口中声音波形的显示大小。
- "秒"和"帧"按钮：用于设置声音以秒为单位显示或以帧为单位显示。单击"秒"按钮，则以秒为单位显示波长，单击"帧"按钮，则以帧为单位显示波长。
- "播放"按钮：测试编辑后的声音效果。
- "停止"按钮：停止声音播放。
- 开始时间和停止时间：用于改变声音的起始位置和结束位置。

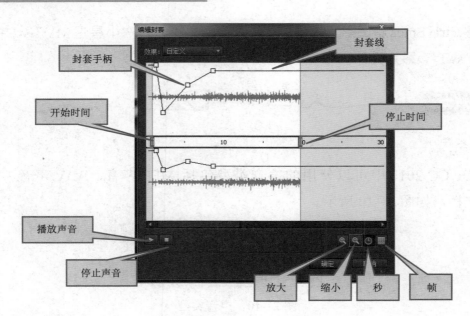

图 21-11 "编辑封套"对话框

### 4. 事件声音和数据流

在 Animate CC 2017 中，有两种使用声音的方式，即事件声音和数据流。

（1）事件声音：必须在动画全部下载完成后播放，如果没有明确的停止命令，它将连续播放。在使用事件声音时要注意，无论声音长短，都只能插入一个帧中，且事件声音是从头开始播放的。事件声音常用于设置按钮音效或动画中某些短暂的音效。

（2）数据流：可实现边下载边播放的效果，常用于设置动画的背景音乐。与事件声音不同，数据流会随着 SWF 文件的停止播放而停止，音频流的播放时间不会比帧的播放时间长。

### 5. 导入视频

（1）在 Animate CC 2017 中可以使用的视频格式有 *.flv、*.f4v、*.mp4、*.m4v、*.avc、*.mov 等，如图 21-12 所示。

（2）导入视频：执行"文件"|"导入"|"导入视频"命令，打开"导入视频"对话框，如图 21-13 所示。

- "使用播放组件加载外部视频"单选按钮：用于导入视频，并创建一个 FLVPlayback 组件实例控制视频播放。
- "在 SWF 中嵌入 FLV 并在时间轴中播放"单选按钮：用于将 FLV 嵌入文档，并将其放到时间轴中。
- "将 H.264 视频嵌入时间轴"单选按钮：在选择该按钮导入视频时，视频会被放置在舞台上，用作设计阶段制作动画的参考。在拖曳或播放时间轴时，视频中的帧将呈现在舞台上。

```
Adobe Flash 视频 (*.flv; *.f4v)
MPEG-4 文件 (*.mp4; *.m4v; *.avc)
QuickTime 影片 (*.mov; *.qt)
适用于移动设备的 3GPP/3GPP2 (*.3gp; *.3gpp; *.3gp2; *.3gpp2; *.3g2)
所有视频格式 (*.mp4; *.m4v; *.mov; *.qt; *.3gp; *.3gpp; *.3g2; *.3gp2; *.3gpp2; *.f4v; *.flv; *.m1v; *.m2p; *.m2t; *.m2ts; *.mts; *.dv; *.dvi; *.tod; *.avc; *.mpv; *.m2v; *.mpe; *.avi; *.mpg; *.m
所有文件 (*.*)
```

图 21-12　可用的视频格式

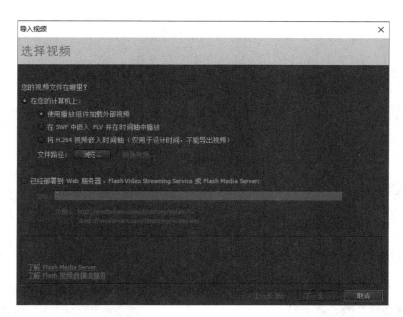

图 21-13　"导入视频"对话框

### 6. 歌词同步的制作要领

（1）将声音应用到同一图层后，在"属性"面板中将其格式设置为数据流，并根据音乐时长延长帧。

（2）为歌词内容单独新建图层，将歌词内容放置在同一个图层上。

（3）在文档编辑状态下按 Enter 键播放音乐，可以随时注意音乐播放的进程，当演唱歌词时，再次按下 Enter 键，停止播放音乐，这时，在歌词图层中输入相应的歌词。

## 实训拓展

### 一、基础知识练习

1. Animate CC 2017 中默认支持的位图类型为（　　）、JPEG 和 GIF 等。

2. （　　）位图可将位图图像中的像素点分离到离散的区域中，这样可以分别选取这些区域进行编辑。

3. 将位图转换为矢量图时，选中导入的位图图像，选择（　　）|"位图"|"转换位图为矢量图"命令。

4. Animate CC 2017 中可以使用的声音类型包括 AIFF 声音、WAV 声音、（　　）声音和 Adobe 声音文档。

5. 在导入声音到库时，选择"文件"|"导入"|（  ）命令，打开"导入到库"对话框。

6. 在"编辑封套"对话框中，拖曳（  ）可以改变声音在不同点上的播放音量。

7. 在 Animate CC 2017 中，有两种使用声音的方式，即事件声音和（  ）。

8. （  ）可实现边下载边播放的效果，常用于设置动画的背景音乐。

9. 在 Animate CC 2017 中可以使用的视频格式有 *.flv、*.f4v、（  ）、*.m4v、*.avc、*.mov 等。

10. "使用播放组件加载外部视频"单选按钮用于导入视频，并创建一个（  ）组件实例控制视频播放。

## 二、技能操作练习

1. 使用给定的汽车行驶声音素材，制作汽车行驶时的声音动画效果，如图 21-14 所示。

2. 使用给定的素材文件制作"我的祖国 MV"，实现声音与歌词同步的动画效果，如图 21-15 所示。

图 21-14　汽车行驶时的声音动画

图 21-15　我的祖国 MV

3. 使用给定的素材文件制作"我和我的祖国 MV"，实现声音与歌词同步的动画效果，结合所学动画制作知识增加不同的动画元素和效果，让 MV 的动画效果更饱满，如图 21-16 所示。

图 21-16　我和我的祖国 MV

# 项目十

# 使用脚本语言

ActionScript 3.0 是 Animate CC 2017 的动作脚本语言，使用该语言可以制作出交互性强、效果更加绚丽的动画。本项目主要学习 ActionScript 3.0 的基础知识及其交互动画的简单制作，本项目的学习目标如下。

**知识目标：**

- 掌握 ActionScript 3.0 的常用术语。
- 掌握 ActionScript 3.0 的基本语法。
- 掌握为按钮和帧添加代码的方法。

**技能目标：**

- 熟练使用常用帧的控制代码。
- 掌握使用代码片段提供的功能实现影片的控制动画效果的方法。

**素养目标：**

- 培养学生认真钻研、不畏困难的求知精神。
- 培养学生自主学习、探究的能力。

实训内容

## 案例 22　实现"求两数的和"动画效果

通过使用 ActionScript 3.0、"文本工具"和按钮元件实现"求两数的和"动画效果，如图 22-0 所示。

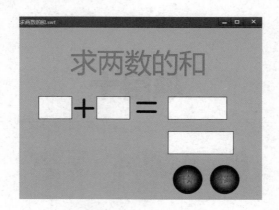

图 22-0　求两数的和

实 训 步 骤

**1** 新建 ActionScript 3.0 文档，设置文档大小为宽 550 像素、高 400 像素，舞台颜色为 #66FFCC。

**2** 选择"文本工具"，设置"文本类型"为"静态文本"，"系列"为"微软雅黑"，"大小"为 60 磅，"颜色"为红色，如图 22-1 所示，在舞台中输入"求两数的和"静态文本。

**3** 选择"文本工具"，设置"文本类型"为"动态文本"，"系列"为"微软雅黑"，"大小"为 36 磅，"颜色"为红色，在舞台中拖曳出一个矩形文本框。在"消除锯齿"下拉列表中选择"使用设备字体"选项，随后单击"在文本周围显示边框"按钮，设置动态文本属性，如图 22-2 所示。

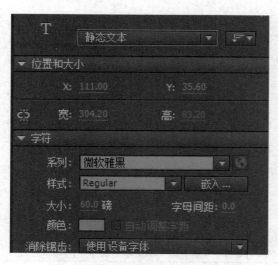

图 22-1　设置静态文本属性

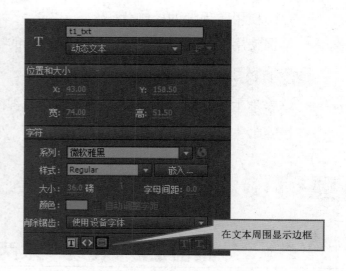

图 22-2　设置动态文本属性

**4** 使用"选择工具"，选择矩形文本框，按住 Alt 键和鼠标左键，再拖曳出 3 个文本框，更改文本框的大小，分别指定文本框的实例名称为 t1_txt、t2_txt、t_txt 和 tt_txt，并修改 t_txt 的实例类型为"输入文本"，如图 22-3 所示。

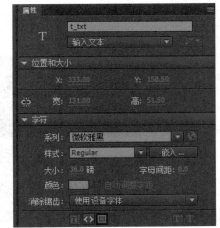

图 22-3　添加动态文本框并修改实例类型

**5** 选择 "线条工具"，绘制一个加号和一个等号，如图 22-4 所示。

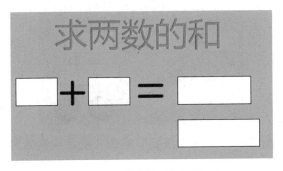

图 22-4　绘制加号和等号

**6** 选择 "插入" | "新建元件" 命令，创建一个名为 "开始" 的按钮元件，单击 "确定" 按钮进入按钮元件的编辑窗口。选择 "椭圆工具"，设置笔触颜色为无，填充颜色为由绿至黑的径向渐变，在 "弹起" 帧上按住快捷键 Alt+Shift 绘制一个正圆形。分别在 "指针经过"、"按下" 和 "点击" 帧上按F6键插入关键帧。新建图层，使用 "文本工具" 在按钮上输入 "开始"，如图 22-5 所示。

图 22-5　制作 "开始" 按钮元件

**7** 打开 "库" 面板，在 "开始" 按钮元件上右击，在弹出的快捷菜单中选择 "直接复制" 命令，打开 "直接制作元件" 对话框，将名称更改为 "答案"，单击 "确定" 按钮。随后双击 "答案" 按钮元件，进入编辑窗口，将文本修改为 "答案"，制作 "答案"

按钮元件，如图 22-6 所示。

图 22-6　制作"答案"按钮元件

**8** 返回场景 1，将"开始"和"答案"按钮元件拖曳至舞台右下角，分别指定"开始"按钮元件的实例名称为"b1_btn"，"答案"按钮元件的实例名称为"b2_btn"，如图 22-7 所示。

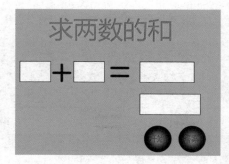

图 22-7　创建"按钮"实例并指定实例名称

**9** 选择图层 1 的第 1 帧，按 F9 键进入"动作"面板，输入"stop();"，如图 22-8 所示。

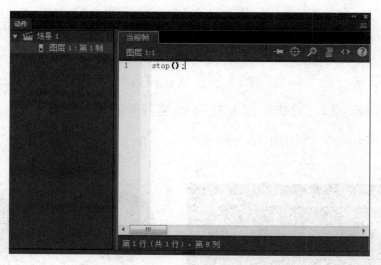

图 22-8　进入"动作"面板并输入代码

**10** 选择"开始"按钮元件，选择"窗口"|"代码片段"命令，打开"代码片段"面板，选择"时间轴导航"|"单击以转到帧并播放"选项，在"动作"面板中添加一段代码，使用以下代码替换"gotoAndPlay(5);"，如图 22-9 所示。

```
t1_txt.text = String(int(Math.random() * 100));
t2_txt.text = String(int(Math.random() * 100));
t_txt.text = "";
tt_txt.text = "";
```

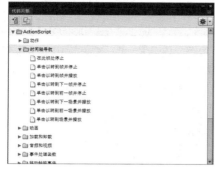

图 22-9　设置"开始"按钮元件的响应代码①

**11** 选择"答案"按钮元件，在"代码片段"面板中选择"时间轴导航"|"单击以转到帧并播放"选项，在"动作"面板中添加一段代码，使用以下代码替换"gotoAndPlay(5);"，如图 22-10 所示。

```
if (Number(t_txt.text) == (Number(t1_txt.text) + Number(t2_txt.text))) {
    tt_txt.text = "正确";
} else {
    tt_txt.text = "错误";
}
```

图 22-10　设置"答案"按钮元件的响应代码

**12** 按快捷键 Ctrl+Enter 测试影片效果。保存文件，文件名为"求两数的和"，并导出为"求两数的和 .swf"文件。

---

① 本书中"代码片断"正确写法为"代码片段"，下同。

## 案例 23  制作"翻书发光"动画效果

制作"翻书发光"动画效果,即当鼠标指针移动到书的封面上时,实现翻页和光辉闪烁的动画效果,如图 23-0 所示。

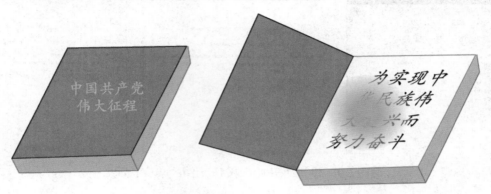

图 23-0  翻书发光

**实 训 步 骤**

**1**  新建 ActionScript 3.0 文档,设置文档大小为宽 550 像素、高 400 像素,舞台颜色为白色。

**2**  选择"插入"|"新建元件"命令,打开"创建新元件"对话框,创建一个名为"翻书"的影片剪辑元件,如图 23-1 所示。

图 23-1  "翻书"影片剪辑元件

**3**  将图层 1 重命名为"书本",选择"钢笔工具",设置笔触颜色为红色,笔触为 3 像素,绘制一个宽为 287 像素、高为 190 像素的平行四边形。在"书本"图层上绘制书的侧面形状。选择"颜料桶工具",将侧面的填充颜色设置为 #CCCCCC,如图 23-2 所示。选择"书本"图层的第 70 帧,按 F5 键延长帧。

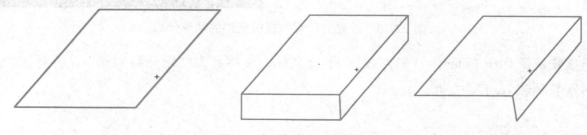

图 23-2  绘制书的侧面

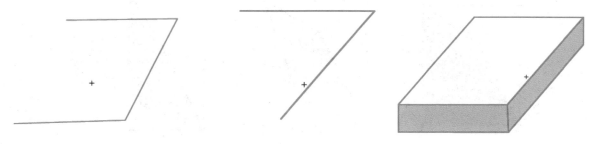

图 23-2　绘制书的侧面（续）

**4** 新建图层 2，重命名为"内容"，选择"文本工具"，设置"系列"为"华文楷体"，"大小"为 25 磅，"颜色"为黑色，输入"为实现中华民族伟大复兴而努力奋斗"，连续按两次快捷键 Ctrl+B，将文字分离成形状对象。单击"任意变形工具"的"扭曲"按钮，调整文字形状如图 23-3 所示，选择"内容"图层的第 70 帧，按 F5 键延长帧。

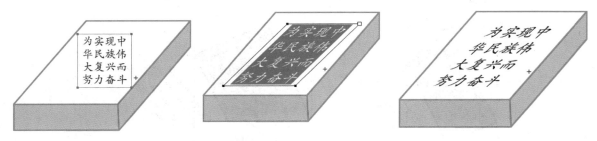

图 23-3　输入文字并调整

**5** 新建图层 3，重命名为"书皮"，选择"钢笔工具"，设置笔触颜色为黑色，笔触为 3 像素，根据书本大小绘制一个矩形。选择"颜料桶工具"，设置矩形的填充颜色为红色，绘制书皮，如图 23-4 所示。

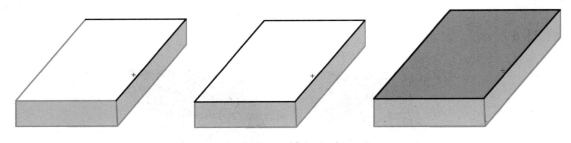

图 23-4　绘制书皮

**6** 选择"书皮"图层的第 4 帧、第 7 帧、第 10 帧、第 13 帧、第 16 帧、第 19 帧、第 22 帧和第 25 帧，单击"任意变形工具"的"扭曲"按钮，调整矩形书皮形状的操作步骤如图 23-5 所示，选择"书皮"图层的第 70 帧，按 F5 键延长帧。

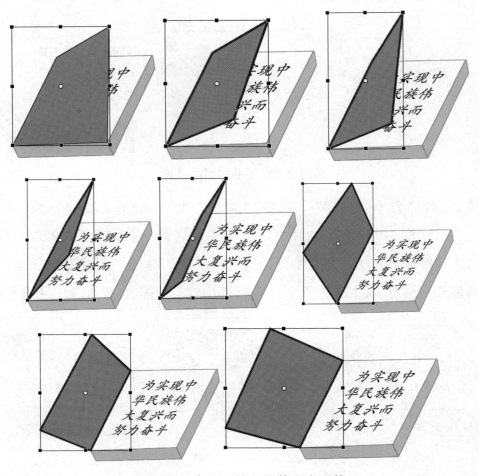

图 23-5　在不同帧上调整书皮形状

**7** 新建图层 4，重命名为"标题"，选择"文本工具"，输入"中国共产党伟大征程"，设置"系列"为"华文楷体"，"大小"为 25 磅，"颜色"为 #FFFFOO。连续按两次快捷键 Ctrl+B，将文字分离为形状对象，选择"任意变形工具"对文字进行倾斜变形，如图 23-6 所示。

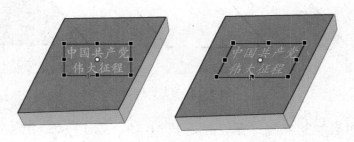

图 23-6　输入文字并进行倾斜变形

**8** 选择"标题"图层的第 4 帧、第 7 帧、第 10 帧、第 13 帧和第 16 帧，按 F6 键插入关键帧，使用"任意变形工具"分别调整各关键帧上文字的形状，具体操作步骤如图 23-7 所示，选择第 19 帧，按 F7 键插入空白关键帧。

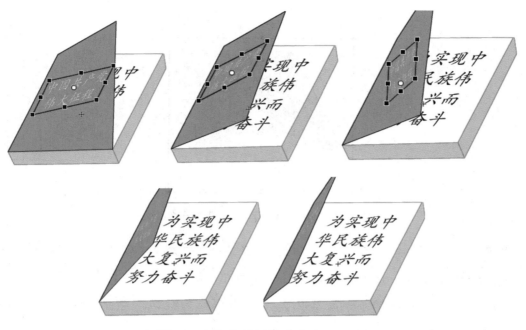

图 23-7 调整关键帧上文字的形状

9 选择"插入"|"新建元件"命令，打开"创建新元件"对话框，创建一个名为"光"的影片剪辑元件。在"光"影片剪辑元件的编辑状态下，选择"椭圆工具"，设置笔触颜色为无，填充为径向渐变填充，颜色条左侧色块为 #E9DD2F，Alpha 值为 76%，右侧色块为 #FEFDF5，Alpha 值为 30%，在图层 1 上绘制一个发光正圆形。在图层的第 10 帧和第 20 帧分别插入关键帧，选择第 10 帧上的对象打开"变形"面板，调整缩放比例为 20%。然后在第 1 帧和第 10 帧之间与第 10 帧和第 20 帧之间创建补间形状动画，制作"光"影片剪辑元件，如图 23-8 所示。

图 23-8 制作"光"影片剪辑元件

10 按快捷键 Ctrl+L 打开"库"面板，双击"翻书"影片剪辑元件进入其编辑状态。在"内容"图层上新建图层，重命名为"发光"。选择"发光"图层的第 7 帧，按 F7 键插入空白关键帧，将库中的"光"影片剪辑元件拖曳到舞台中，如图 23-9 所示。

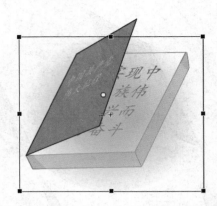

图 23-9　将"光"影片剪辑元件拖曳到舞台中

**11** 选择"插入"|"新建元件"命令，打开"创建新元件"对话框，创建一个名为"隐形按钮"的按钮元件。在"隐形按钮"按钮元件的编辑状态下选择"点击"状态帧，选择"矩形工具"，设置笔触颜色为无，填充颜色为红色，绘制一个宽为 198 像素、高为 228 像素的矩形，中心点与舞台中心对齐，如图 23-10 所示。

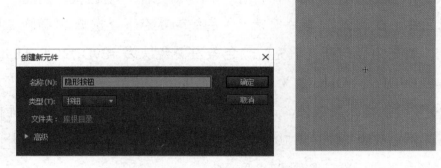

图 23-10　绘制"隐形按钮"按钮元件

**12** 双击"翻书"影片剪辑元件进入编辑状态，在"标题"图层上新建图层并重命名为"按钮"，将"隐形按钮"元件拖曳到"按钮"图层，双击"隐形按钮"实例，进入编辑状态，单击"任意变形工具"中的"扭曲"按钮，调整矩形的大小与下面的书皮相等，如图 23-11 所示。

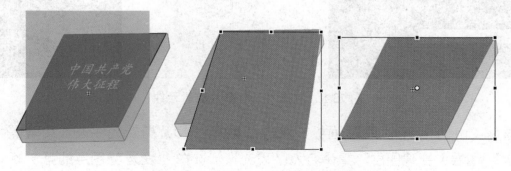

图 23-11　调整"隐形按钮"大小

**13** 选择"隐形按钮"元件，在"属性"面板中为其设置实例名称为"b1_btn"，选择"隐形按钮"元件，打开"代码片段"面板，选择"事件处理函数"|"事件处理函数"|"Mouse Over 事件"选项，在"按钮"图层上增加"Actions"图层，在第 1 帧中添加代码，如图 23-12 所示。

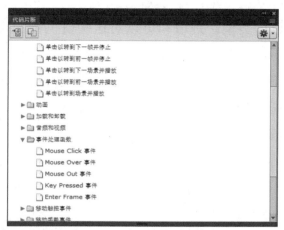

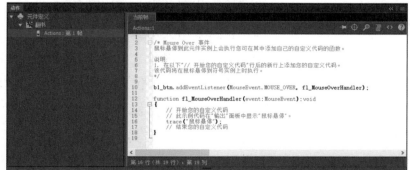

图 23-12  为"隐形按钮"添加代码

**14** 更改代码内容。添加代码"stop();"，即停止影片播放。在函数体中将"trace(" 鼠标悬停 ")"改为"gotoAndPlay(2);"，即从第 2 帧开始播放影片，如图 23-13 所示。

图 23-13  更改代码内容

**15** 按快捷键 Ctrl+Enter 测试影片效果。保存文件，文件名为"翻书发光"，并导出为"翻书发光 .swf"文件。

🔔 **知识小贴士**

### 1. ActionScript 3.0 常用术语

（1）动作：是在播放影片时执行某些任务的语句，常用的语句有 stop();（停止）、play();（播放）、gotoAndPlay();（转到帧并播放）、gotoAndStop();（转到帧并停止）等。

（2）数据类型：是值和可以对这些值执行的动作的集合，用于描述变量或动作脚本元素可以存储的数据信息。动作脚本有两种数据类型，即原始数据类型和引用数据类型。原始数据类型是指字符串、数字和布尔值，它们拥有固定类型的值，因此可以包含其所代表元素的实际值。引用数据类型是指影片剪辑元件和对象，它们没有固定类型的值，因此包含对该元素实际值的引用。

（3）函数：是可以执行命令的代码块，也是可以传递参数并带有返回值的代码块，可以重复使用减少代码量，从而提高工作效率，同时还可以减少因手动输入代码而引起的错误。

（4）标识符：用于表明变量、属性、对象、函数和方法的名称。它的第一个字符可以是字母、下画线或美元符号，之后的字符可以是字母、数字、下画线等。

（5）类：是对象抽象的表现形式，用于存储相关对象可保存的数据类型及可表现的行为的信息。使用类可以更好地控制对象的创建方式及对象之间的交互方式。

（6）实例：是属于某个类的对象，类的每个实例都包含该类的所有属性和方法。

（7）对象：在 Animate CC 2017 中访问的每一个目标都可以称之为对象，对象是属性和方法的集合，每个对象都有自己的名称，并且都是特定类的实例。例如，舞台中的某个元件实例就是一个对象，每个对象都包含 3 个特征，分别是属性、方法和事件。属性是对象的基本特性，如影片剪辑元件的位置、大小、透明度等。方法是指可以由对象执行的操作。事件是用于确定执行哪些指令及何时执行的机制。事实上，事件是指所发生的、ActionScript 3.0 能够识别并响应的事情。许多事件都与用户的交互动作有关，如用户单击某个按钮或按下某个按键等。

（8）变量：是用于保存任何数据类型的值的标识符，可以创建、更改和更新变量，也可以获取它们的值后在脚本中使用。常用的 4 种变量有整型变量、浮点型变量、字符串型变量和布尔型变量。

（9）表达式和运算符：表达式是由常量、变量、函数和运算符按照运算法则组成的计算式。运算符是可以对数值、字符串和逻辑值进行运算的关系符号。运算符有很多种类，包括数值运算符、字符串运算符、逻辑运算符、比较运算符、赋值运算符、位运算符等。

### 2. "代码片段"面板

"代码片段"面板能够使非编程人员轻松使用简单的 ActionScript 3.0 代码。借助该面板可以将代码添加到 FLA 文件以启用常用功能。选择"窗口"|"代码片段"命令，打开"代

码片段"面板，如图 23-14 所示。

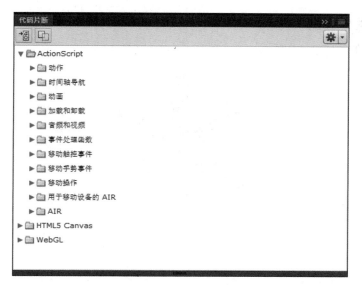

图 23-14 "代码片段"面板

### 3. "动作"面板

"动作"面板是编写 ActionScript 3.0 脚本最基本的工具，可以为帧添加代码，从而控制帧及动画对象的交互。选择"窗口"|"动作"命令或按 F9 键，打开"动作"面板，如图 23-15 所示。"动作"面板包含两个空白区域，右侧的"脚本编辑窗口"供用户输入代码，左侧的"脚本导航器"用于列出文档中的脚本，可以通过它快速查看这些脚本。

图 23-15 "动作"面板

"固定脚本"按钮：单击该按钮，可以固定当前图层中当前帧的脚本。

"插入实例路径和名称"按钮：单击该按钮，打开"插入目标路径"对话框，从中可以选择插入按钮或影片剪辑元件的目录路径。

"查找"按钮：单击该按钮，将展开查找选项，在文本框中输入内容，可以进行查找与替换操作。

"设置代码格式"按钮：单击该按钮，可以为写好的脚本提供默认的代码格式。

"代码片段"按钮：单击该按钮，可以打开"代码片段"面板，从中选择预设的代码块。

"帮助"按钮：单击该按钮，可以打开链接的帮助网页。

## 4. 代码片段应用实例

### 1）制作旋转的风车实例

旋转的风车实例如图 23-16 所示。

图 23-16　旋转的风车

（1）新建 ActionScript 3.0 文档，按快捷键 Ctrl+F8 打开"创建新元件"对话框，设置"名称"为"风车"，"类型"为"影片剪辑"，单击"确定"按钮，创建"风车"影片剪辑元件，如图 23-17 所示。选择"椭圆工具"，设置笔触颜色为无，填充颜色为红色，绘制一个椭圆形。选择"任意变形工具"，单击选中椭圆形，将变形中心点调整到椭圆形下方。打开"变形"面板，设置旋转角度为 45°，单击"重制选区和变形"按钮，绘制风车并修改扇叶颜色，如图 23-18 所示。

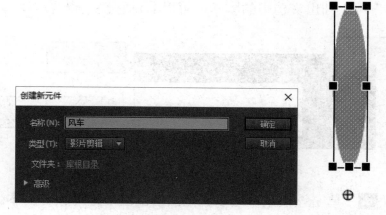

图 23-17　创建"风车"影片剪辑元件

图 23-18　绘制风车并修改扇叶颜色

（2）将"风车"影片剪辑元件拖曳到舞台中，选择实例，在"属性"面板的实例名称框中输入"f_mc"，为"风车"影片剪辑实例命名，如图23-19所示。

图 23-19　为"风车"影片剪辑实例命名

使用"选择工具"选择舞台上的"风车"实例，选择"窗口"|"代码片段"命令，打开"代码片段"面板，在该面板中选择"动画"|"不断旋转"命令，如图23-20所示。在"时间轴"面板上新增加了一个名为"Actions"的图层，第1帧上自动添加了相应的代码，如图23-21所示，按快捷键Ctrl+Enter测试，风车会显示不停旋转的动画效果。

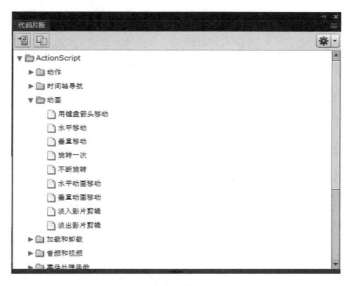

图 23-20　"代码片段"面板

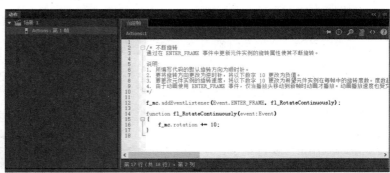

图 23-21　在帧上自动添加代码

2）制作定时器案例

定时器效果如图 23-22 所示。

图 23-22　定时器

（1）新建 ActionScript 3.0 文档，文档大小默认，设置舞台颜色为 #FF9966。

（2）使用"文本工具"在舞台上输入静态文本的内容为"定时器"，设置"系列"为"微软雅黑"，"大小"为 27 磅，"颜色"为黑色。再使用"文本工具"在舞台上绘制一个动态文本框，设置"系列"为"Aril"，"大小"为 27 磅，"颜色"为黑色，在"属性"面板中为动态文本命名为"t1_txt"。

（3）按快捷键 Ctrl+F8，打开"创建新元件"对话框，创建名为"开始"的按钮元件，使用"椭圆工具"，在第 1 帧上绘制一个渐变颜色为由红到黑的椭圆形。在"指针弹起"、"指针经过"、"按下"和"点击"帧上按 F6 键插入关键帧。新建图层，选择"文本工具"，修改字体颜色为绿色，输入静态文本的内容为"开始"。使用同样的方法，创建"重置"按钮元件。

（4）将"开始"和"重置"按钮元件拖曳到舞台中，调整位置和大小，并在"属性"面板中为按钮分别填入实例名称"b1_btn"和"b2_btn"。

（5）选择"窗口"|"代码片段"命令，在"代码片段"面板中，选择"ActionScript"|"动作"|"定时器"选项，在"时间轴"面板上增加一个新代码图层"actions"。

（6）选择舞台上的"开始"按钮元件，在"代码片段"面板中选择"ActionScript"|"时间轴导航"|"单击以转到帧并停止"选项，并调整第 1 帧上的代码为以下内容。

```
b1.addEventListener(MouseEvent.CLICK, fl_ClickToGoToAndStopAtFrame);
function fl_ClickToGoToAndStopAtFrame(event:MouseEvent):void
{   var fl_SecondsToCountDown:Number = 11;
    var fl_CountDownTimerInstance:Timer = new Timer(1000, fl_SecondsToCountDown);
    fl_CountDownTimerInstance.addEventListener(TimerEvent.TIMER, fl_CountDownTimerHandler);
    fl_CountDownTimerInstance.start();
    function fl_CountDownTimerHandler(event:TimerEvent):void
    {
        fl_SecondsToCountDown--;
        t1_txt.text = fl_SecondsToCountDown + "秒";
        if(fl_SecondsToCountDown == 0){t1_txt.text = "时间到！";}
```

```
    }
}
```

（7）选择舞台上的"重置"按钮，在"代码片段"面板中选择"ActionScript"|"时间轴导航"|"单击以转到帧并停止"选项，并调整第1帧上的代码为以下内容。

```
b2.addEventListener(MouseEvent.CLICK, fl_ClickToGoToAndStopAtFrame_2);
function fl_ClickToGoToAndStopAtFrame_2(event:MouseEvent):void
{    t1_txt.text = "10 秒 ";}
```

## 实训拓展

### 一、基础知识练习

1.（　　　）是在播放影片时执行某些任务的语句，如停止为（　　），播放为（　　），转到帧并播放为（　　），转到帧并停止为（　　）。

2. 数据类型用于描述变量或动作脚本元素可以存储的（　　），原始数据类型是指（　　）、（　　）和（　　）。

3.（　　）是可以执行命令的代码块，可以重复使用减少代码量，从而提高工作效率。

4. 每个对象都包含3个特征，分别是（　　）、（　　）和（　　）。

5. 非编程人员可以借助（　　）面板轻松使用简单的 ActionScript 3.0 代码。

6. 按（　　）键可以快速打开"动作"面板，"动作"面板中供用户输入代码的区域为（　　）。

### 二、技能操作练习

1. 根据提示的代码来制作雪花飘落的动画效果，如图 23-23 所示。

提示：制作名称为"雪花"的影片剪辑元件，在其"元件属性"对话框中，勾选"高级"选项组中的"为 ActionScript 导出"复选框和"在第1帧中导出"复选框，在"类"文本框中输入"SNOW"，在"基类"文本框中输入"flash.display.MovieClip"。

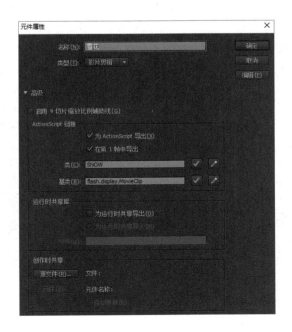

```
import flash.events.Event;
import flash.display.MovieClip;
var s:SNOW = new SNOW();
s.scaleX = s.scaleY=0.2+Math.random()*0.8;
s.x = Math.random()*stage.stageWidth;
s.y = Math.random()*stage.stageHeight;
s.speed = 2+Math.random ()*2;
s.addEventListener(Event.ENTER_FRAME,AutoMove);
this.addChild(s);
function AutoMove(e:Event):void
{var obj:MovieClip=e.target as MovieClip;
    obj.y+ = obj.speed;
}
```

图 23-23　雪花飘落

2. 根据提示的代码实现使用键盘箭头来控制"冰墩墩"影片剪辑元件移动的动画效果，如图 23-24 所示。

提示：设计好影片剪辑元件并命名为"dun_mc"，在"代码片段"面板中选择"ActionScript"｜"动画"选项，实现使用键盘箭头移动元件。

```
var upPressed:Boolean = false;
var downPressed:Boolean = false;
var leftPressed:Boolean = false;
var rightPressed:Boolean = false;

dun_mc.addEventListener(Event.ENTER_FRAME, fl_MoveInDirectionOfKey);
stage.addEventListener(KeyboardEvent.KEY_DOWN, fl_SetKeyPressed);
stage.addEventListener(KeyboardEvent.KEY_UP, fl_UnsetKeyPressed);

function fl_MoveInDirectionOfKey(event:Event)
```

```
{
    if (upPressed)
    {
        dun_mc.y -= 5;
    }
    if (downPressed)
    {
        dun_mc.y += 5;
    }
    if (leftPressed)
    {
        dun_mc.x -= 5;
    }
    if (rightPressed)
    {
        dun_mc.x += 5;
    }
}

function fl_SetKeyPressed(event:KeyboardEvent):void
{
    switch (event.keyCode)
    {
        case Keyboard.UP:
        {
            upPressed = true;
            break;
        }
        case Keyboard.DOWN:
        {
            downPressed = true;
            break;
        }
        case Keyboard.LEFT:
        {
            leftPressed = true;
            break;
        }
        case Keyboard.RIGHT:
        {
            rightPressed = true;
            break;
        }
    }
}
```

```
function fl_UnsetKeyPressed(event:KeyboardEvent):void
{
    switch (event.keyCode)
    {
        case Keyboard.UP:
        {
            upPressed = false;
            break;
        }
        case Keyboard.DOWN:
        {
            downPressed = false;
            break;
        }
        case Keyboard.LEFT:
        {
            leftPressed = false;
            break;
        }
        case Keyboard.RIGHT:
        {
            rightPressed = false;
            break;
        }
    }
}
```

图 23-24   冰墩墩

**3. 根据提示的代码实现猜数游戏，如图 23-25 所示。**

```
var rn: Number = Math.floor(Math.random() * 101);   // 变量 rn：存放随机生成数
var m:Number;                                        // 定义变量 m
b1_btn.addEventListener(MouseEvent.CLICK, guess);   // 给按钮设置监听器
function guess(event: MouseEvent): void {            //guess()函数实现的功能
    m = Number(t1_txt.text);
    if(rn==m){
        t2_txt.text = "猜对了！";
        t3_txt.text=String(rn);
    } else if (m > rn) {
        t2_txt.text = "猜大了！";
    } else if (m < rn) {
        t2_txt.text = "猜小了！";
    }
}
```

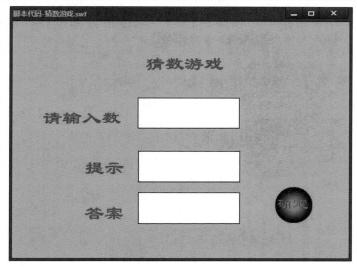

图 23-25　猜数游戏

# 项目十一

# 组件及其应用

组件是带有参数的影片剪辑元件，每个组件都有一组独特的动作脚本方法，用户可以使用组件在 Animate CC 2017 中快速构建应用程序，不仅可以使用软件提供的自带组件，还可以下载其他开发人员使用的组件，甚至可以自定义组件。本项目的学习目标如下。

**知识目标：**

- 掌握 Button 组件、CheckBox 组件、ComboBox 组件、Label 组件、List 组件、RadioButton 组件、TextInput 组件和 TextArea 组件的使用方法。
- 掌握使用 ActionScript 3.0 脚本使组件实现特定的交互效果的方法。

**技能目标：**

- 能够使用组件制作一系列表单。
- 将组件的制作与日常工作相结合，并实现交互功能。

**素养目标：**

- 培养学生的编程思维能力。
- 提高学生独立思考、分析和解决问题的能力。

## 实训内容

## 案例 24  制作学生信息注册表

使用 Button 组件、CheckBox 组件、ComboBox 组件、RadioButton 组件、TextInput 组件和 TextArea 组件制作学生信息注册表，如图 24-0 所示。

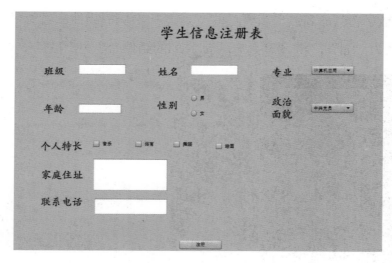

图 24-0　学生信息注册表

**实训步骤**

**1** 新建 ActionScript 3.0 文档，设置文档大小为宽 1024 像素、高 768 像素，舞台颜色为 #FF9933，并将其命名为"学生信息注册表"。

**2** 在"图层 1"第 1 帧的舞台上，选择"文本工具"，在"属性"面板中设置"系列"为"华文楷体"，"大小"为 35 磅，"颜色"为黑色，输入"学生信息注册表"，顶部居中对齐。再次选择"文本工具"，将文本字体的"大小"设置为 25 磅，分别输入"班级"、"姓名"、"专业"、"年龄"、"性别"、"政治面貌"、"个人特长"、"家庭住址"和"联系电话"，并调整位置，如图 24-1 所示。

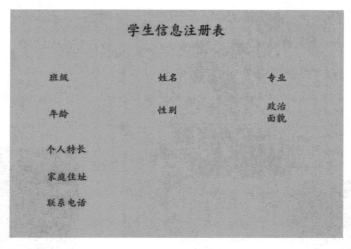

图 24-1　设置文本内容

**3** 选择"窗口"|"组件"命令或按快捷键 Ctrl+F7，打开"组件"对话框，分别在"班级"、"姓名"、"年龄"和"联系电话"的右侧拖曳放置一个 TextInput 组件，在"属性"面板中分别调整组件的宽、高到合适大小，如图 24-2 所示。选择"班级"右侧的组件，

在"属性"面板中将其命名为"bj",将"姓名"右侧的组件命名为"xm",将"年龄"右侧的组件命名为"nl",将"联系电话"右侧的组件命名为"dh",如图 24-3 所示。

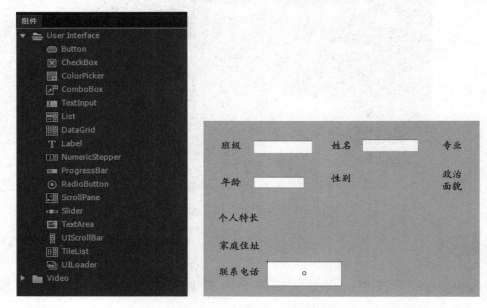

图 24-2　添加"TextInput"组件

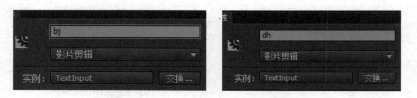

图 24-3　为"TextInput"组件命名

**4** 选择 ComboBox 组件并拖曳到"专业"的右侧,设置组件大小为宽 140 像素、高 32 像素。在"属性"面板中单击"dataProvider"选项右侧的编辑按钮,打开"值"对话框,单击"添加"按钮,分别添加"计算机应用"、"计算机网络技术"、"动漫设计"和"数字媒体"四个选项,单击"确定"按钮,如图 24-4 所示。选择"专业"右侧的组件,在"属性"面板中将其命名为"zy",如图 24-5 所示。

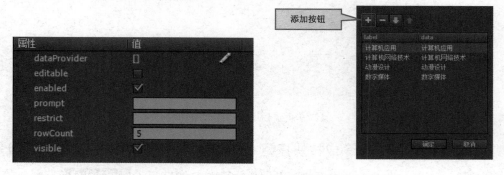

图 24-4　"ComboBox"组件的"属性"面板

图 24-5 为"ComboBox"组件命名

5 选择 RadioButton 组件，并拖曳两个组件放置到"性别"的右侧，选择其中一个组件，在"属性"面板中的"label"文本框中输入"男"，选择另一个组件，在"label"文本框中输入"女"，如图 24-6 所示。选择标签（label）为"男"的组件，在"属性"面板中将其命名为"xb1"，选择标签为"女"的组件，在"属性"面板中将其命名为"xb2"。

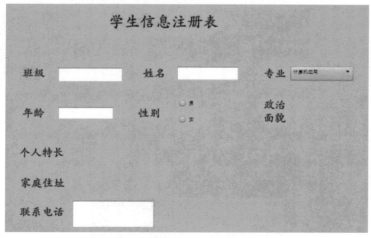

图 24-6 添加"RadioButton"组件并更改标签名

6 选择 ComboBox 组件并拖曳到"政治面貌"的右侧，设置组件大小为宽 140 像素、高 32 像素。在"属性"面板中单击"dataProvider"选项右侧的编辑按钮，打开"值"对话框，单击"添加"按钮分别添加选项"中共党员"、"团员"和"群众"，单击"确定"按钮。选择"政治面貌"右侧的组件，在"属性"面板中将其命名为"zzmm"，如图 24-7 所示。

图 24-7 添加"ComboBox"组件并命名

**7** 选择 CheckBox 组件并拖曳 4 个组件放置到"个人特长"的右侧，依次选择组件，在"属性"面板的"label"文本框中分别输入"音乐"、"体育"、"舞蹈"和"绘画"。选择"个人特长"右侧的组件，在"属性"面板中分别命名为"tc1"、"tc2"、"tc3"和"tc4"，如图 24-8 所示。

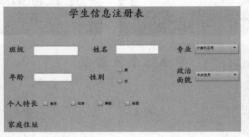

图 24-8 添加"CheckBox"组件并命名

**8** 选择 TextArea 组件并拖曳放置在"家庭住址"的右侧，在"属性"面板中将其命名为"jtzz"，并设置其"宽"为 200 像素、"高"为 70 像素，如图 24-9 所示。

图 24-9 添加"TextArea"组件并命名

**9** 选择 Button 组件并将其拖曳到舞台底部，在"属性"面板中将其命名为"zc"，在"label"文本框中输入"注册"，如图 24-10 所示。

图 24-10 添加"Button"组件并命名

**10** 选择"图层 1"的第 2 帧，按 F7 键插入空白关键帧，使用"文本工具"输入"注册信息"，选择"组件"面板中的  TextArea 组件，并将其拖曳到舞台的中心位置，在"属性"面板中将其命名为"zcxx"，设置其"宽"为 350 像素、"高"为 200 像素，如图 24-11 所示。

图 24-11 添加"TextArea"组件并命名

**11** 选择"组件"面板中的 ⬭ Button 组件，并将其拖曳到舞台底部，设置居中对齐。在"属性"面板中将其命名为"fh"，在"label"文本框中输入"返回"，如图 24-12 所示。

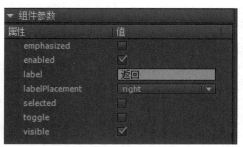

图 24-12 添加"返回"按钮

**12** 选择第 1 帧中的"注册"按钮，选择"窗口"|"代码片段"命令，打开"代码片段"面板，选择"ActionScript"|"时间轴导航"|"单击以转到帧并停止"选项，如图 24-13 所示，在脚本编辑窗口中删除命令语句"gotoAndStop(5);"，并替换为以下代码。

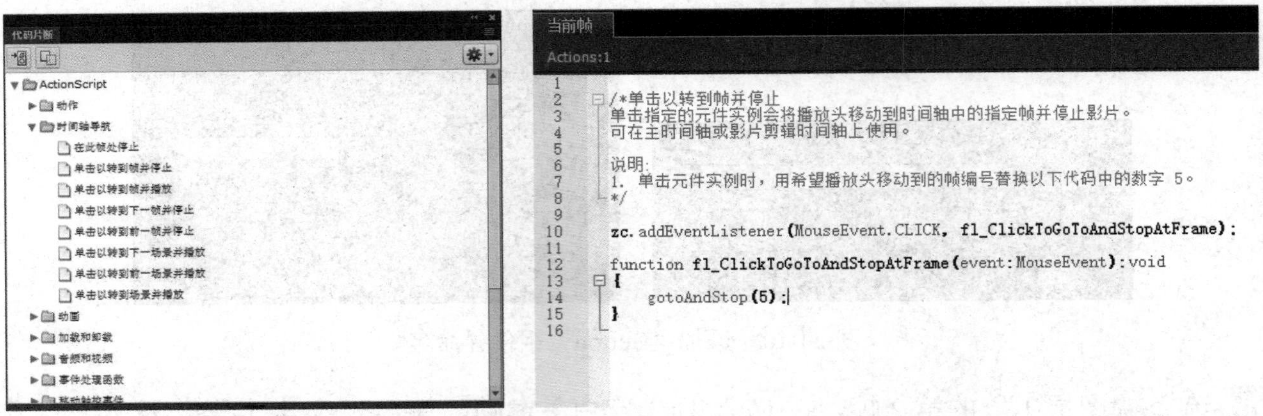

图 24-13　选择"单击以转到帧并停止"选项并修改代码

```
stop();
var tc11, tc22, tc33, tc44, xb, mesg: String = "";
zc.addEventListener(MouseEvent.CLICK, fl_ClickToGoToAndStopAtFrame);
function fl_ClickToGoToAndStopAtFrame(event: MouseEvent): void {
    if (this.tc1.selected) {
        tc11 = "音乐";
    } else {
        tc11 = "";
    }
    if (this.tc2.selected) {
        tc22 = "体育";
    } else {
        tc22 = "";
    }
    if (this.tc3.selected) {
        tc33 = "舞蹈";
    } else {
        tc33 = "";
    }
    if (this.tc4.selected) {
        tc44 = "绘画";
    } else {
        tc44 = "";
    }
    if (this.xb1.selected) {
        xb = "男";
    } else {
        xb = "女";
    }
    mesg = "班级："+bj.text+"/r 姓名："+xm.text+"/r 年龄"+nl.text+"/r   性别："+xb+"/r
专业："+zy.value+"/r 个人特长："+tc11+tc22+tc33+tc44+"/r 政治面貌："+zzmm.value+"/r 家庭
住址："+jtzz.text+"/r 电话："+dh.text;
```

```
gotoAndStop(2)
}
```

**13** 选择 "Actions" 图层的第 2 帧，按 F7 键插入空白关键帧，按 F9 键打开 "动作" 面板，在脚本编辑窗口中输入以下代码。

```
zcxx.text=mesg;
```

**14** 选择 "返回" 按钮组件，选择 "窗口" | "代码片断" 命令，打开 "代码片断" 面板，选择 "ActionScript" | "时间轴导航" | "单击以转到帧并停止" 选项，在脚本编辑窗口中将 "gotoAndStop(5);" 改为 "gotoAndStop(1);"，如图 24-14 所示。

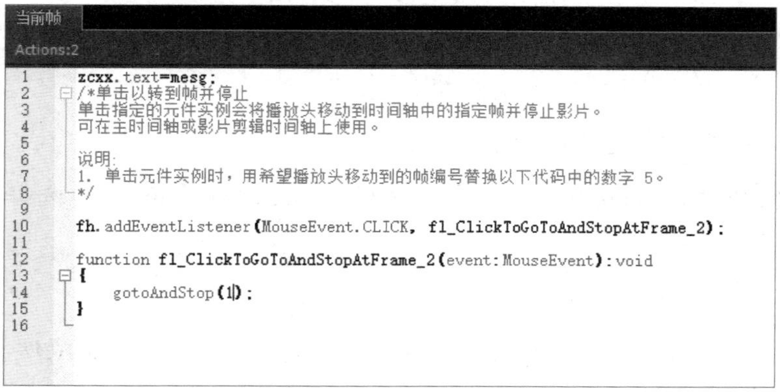

图 24-14　更改代码

**15** 按快捷键 Ctrl+Enter 查看测试效果。保存文件，文件名为 "学生信息注册表"，并导出为 "学生信息注册表 .swf" 文件。

🔔 **知识小贴士**

1. Animate CC 2017 中的组件都显示在 "组件" 面板中，选择 "窗口" | "组件" 命令，打开 "组件" 面板。在该面板中可查看和调用系统中的组件，包括 UI（User Interface）组件和 Video 组件两类。

2. 在 Animate CC 2017 的组件类型中，UI 组件用于设置用户界面，并实现大部分交互式操作，因此在设计交互式动画时，UI 组件是最常用的组件类别之一，同时也是应用最为广泛的组件。常用组件包括按钮组件、复选框组件、单选按钮组件、下拉列表组件、文本区域组件、进程栏组件、滚动窗格组件、数字微调组件、文本标签组件。

（1）按钮组件 Button 是一个可以使用自定义图标来定义自身大小的按钮，它可以执行鼠标和键盘之间的交互事件。常用的参数及其含义如下。

● emphasized：用于指定按钮是否处于强调状态。

● enabled：用于指定当前按钮是否可用。

● label：用于设置按钮上文本的内容。

● labelPlacement：用于设置组件文字相对于图标的方向，默认是 right。

- selected：用于指定按钮是否处于按下状态。
- toggle：用于将按钮转变为切换开关。如果为 true，则按钮在按下后保持按下状态，直到再次按下才切换为弹起状态；如果为 false，则该按钮是一个普通按钮。
- visible：用于确定是否显示按钮轮廓。

（2）复选框组件 CheckBox 是一个可以被勾选和取消勾选的方框，它是表单或应用程序中常用的控件之一，当需要收集一组非互相排斥的选项时，可以使用复选框组件。

- enabled：用于设置当前复选框是否可用。
- label：用于设置组件右侧显示的文本。
- labelPlacement：用于设置组件文字相对于复选框的方向，默认是 right。
- selected：用于设置当前复选框是否被勾选。
- visible：用于设置当前复选框是否可见。

（3）单选按钮组件 RadioButton 允许在互相排斥的选项之间进行选择，但只能选择其中一个选项。

- enabled：用于设置当前单选按钮是否可用。
- groupName：用于指定当前单选按钮所属的组，属于同一个组的单选按钮只能选择一个。
- label：用于设置单选按钮上显示的文本。
- labelPlacement：用于设置单选按钮旁边标签文本的位置，可以为 left、right、top 和 bottom。
- selected：用于设置单选按钮的初始状态，选中则状态为 true，取消选中则状态为 false。
- visible：用于设置单选按钮是否可见。

（4）下拉列表组件 ComboBox 由 3 个子组件构成，包括 BaseButton 组件、TextInput 组件和 List 组件，它允许用户从展开的下拉列表中选择一个选项。

- dataProvider：可以打开"值"对话框，设置各选项的数据名称。
- editable：用于控制下拉列表是否可以被修改。
- enabled：用于设置当前下拉列表是否可用。
- prompt：用于设置组件默认显示的文字内容。
- restrict：用于获取或设置用户在文本框中输入的字符。
- rowcount：用于设置可显示的最大行数，如果超过该行数，则会出现下拉按钮。
- visible：用于设置下拉列表是否可见。

（5）文本区域组件 TextArea 用于输入多行文本字段，在表单中用于显示注释文本或作为输入文本框。

（6）单行文本组件 TextInput 用于单行文本的输入。

- displayAsPassword：用于设置是否显示为密码形式。

- editable：用于设置单行文本是否可编辑。
- enabled：用于设置单行文本是否可用。
- maxChars：用于设置可输入的最大字符数，默认是 0，即没有限制。
- restrict：用于限制单行文本的输入值。
- text：用于设置单行文本组件默认显示的文本。
- visible：用于设置单行文本是否可见。

（7）标签文本组件 Label 是一行文本，用户可以指定一个标签的格式，也可以控制标签的对齐方式和大小。

## 综合案例 25  制作古诗配画作品"忆江南"

本案例将结合前面所学内容，制作一个古诗配画作品"忆江南"，如图 25-0 所示。《忆江南》这首诗表达了诗人对祖国大好河山的热爱，使学生通过语言文字感悟江南春天与乡村田园生活的美妙意境。党的二十大报告指出，推进文化自信自强，铸就社会主义文化新辉煌。"我们要坚持马克思主义在意识形态领域指导地位的根本制度，坚持为人民服务、为社会主义服务，坚持百花齐放、百家争鸣，坚持创造性转化、创新性发展，以社会主义核心价值观为引领，发展社会主义先进文化，弘扬革命文化，传承中华优秀传统文化，满足人民日益增长的精神文化需求，巩固全党全国各族人民团结奋斗的共同思想基础，不断提升国家文化软实力和中华文化影响力"。

图 25-0　忆江南

## 实训步骤

1　新建 ActionScript 3.0 文档，设置文档大小为宽 800 像素、高 600 像素。

2　按快捷键 Ctrl+F8 打开"创建新元件"对话框，创建一个名为"水波"的影片剪辑元件，单击"确定"按钮进入影片剪辑元件的编辑窗口。选择"矩形工具"，设置笔触颜色为无，填充颜色为蓝色，绘制一个宽为 800 像素、高为 10 像素的矩形，使用"选择工具"调整矩形形状，按住 Alt 键拖曳矩形，复制出多个矩形，制作"水波"影片剪辑元件，如图 25-1 所示。

图 25-1　制作"水波"影片剪辑元件

**3** 按快捷键 Ctrl+F8 打开"创建新元件"对话框，创建一个名为"波动"的影片剪辑元件，单击"确定"按钮进入影片剪辑元件的编辑窗口，选择"文件"|"导入"|"导入库"命令，将"背景 .jpg"导入库中。修改"图层 1"为"被遮罩层"并将"背景 .jpg"拖曳到编辑窗口中，调整大小为宽 800 像素、高 600 像素，设置居中对齐，如图 25-2 所示。在"被遮罩层"图层上右击，在快捷菜单中选择"复制图层"命令，将"被遮罩层复制"图层上图像的 $Y$ 轴坐标在原值的基础上减去 1 个像素。

图 25-2　导入背景图像并调整位置

**4** 新建图层 2，并重命名为"遮罩层"，将"水波"影片剪辑元件拖曳到该图层的第 1 帧上，调整元件大小与湖面大小一致。选择"被遮罩层"和"遮罩层"的第 35 帧，按 F5 键延长帧。在"遮罩层"图层上右击，在快捷菜单中选择"创建补间动画"命令，选择第 35 帧，将"水波"影片剪辑元件的 $Y$ 轴坐标向下移动 10 个像素。在"遮罩层"图层上右击，在快捷菜单中选择"遮罩层"命令，下方的图层会被自动识别为"被遮罩层"，并创建遮罩层动画，如图 25-3 所示。

图 25-3 创建遮罩层动画

**5** 按快捷键 Ctrl+F8，打开"创建新元件"对话框，创建一个名为"鸟飞"的影片剪辑元件，单击"确定"按钮进入影片剪辑元件的编辑窗口，选择"导入"|"导入到库"命令，打开"导入"对话框，选择连续的图像素材，将鸟飞翔的不同状态图片导入库中，如图 25-4 所示。选择图层 1 的第 1 帧，将"image2"拖曳到舞台中心位置，在第 3 帧处按 F6 键插入关键帧，选择第 3 帧上的对象实例，在"属性"面板中单击"交换"按钮，打开"交换位图"对话框，选择"image3.png"，如图 25-5 所示。在第 6 帧处按 F6 键插入关键帧，选择第 6 帧上的对象实例，打开"交换位图"对话框，选择"image4.png"。以此类推，完成"鸟飞"影片剪辑元件的制作。

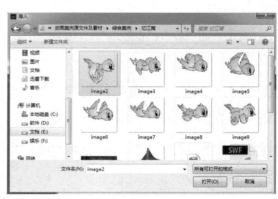

图 25-4 创建"鸟飞"影片剪辑元件

图 25-5 "交换位图"对话框

**6** 按快捷键 Ctrl+F8，打开"创建新元件"对话框，创建一个名为"变色字"的影片剪辑元件，单击"确定"按钮进入影片剪辑元件的编辑窗口。选择"文本工具"，设置"系列"为"华文琥珀"，"大小"为 50 磅，"颜色"为红色，输入"忆江南"，在第 5 帧和第 10 帧处按 F6 键插入关键帧，并更改关键帧上文字的颜色，在第 15 帧处按 F5 键延长帧，如图 25-6 所示。

图 25-6　设置文本属性

**7** 按快捷键 Ctrl+F8，打开"创建新元件"对话框，创建一个名为"小船"的影片剪辑元件，单击"确定"按钮进入影片剪辑元件的编辑窗口，选择"文件"|"导入"|"导入到舞台"命令，打开"导入"对话框，选择"小船 .psd"图像文件并导入舞台中。

**8** 返回场景 1，双击图层 1 并重命名为"背景"，将库中的"波动"影片剪辑元件拖曳到舞台中，调整位置使其与舞台对齐。

**9** 新建图层 3，命名为"标题"，将库中的"变色字"影片剪辑元件拖曳到该图层中并调整位置。

**10** 新建图层 4，命名为"鸟"，将库中的"飞鸟"影片剪辑元件拖曳到该图层中并调整位置到舞台左侧。

**11** 新建图层 5，命名为"船"，将库中的"小船"影片剪辑元件拖曳到该图层中并调整位置到舞台右侧。

**12** 新建图层 6，命名为"音乐"，选择"文件"|"导入"|"导入到舞台"命令，打开"导入"对话框，如图 25-7 所示，选择"忆江南 .wav"音乐文件，并将其导入舞台中。

**13** 选择所有图层的第 325 帧，按 F5 键延长帧。选择"音乐"图层，在"属性"面板的"声音"选项组中设置"同步"选项为数据流。在"音乐"图层上方新建图层并重命名为"诗词"，如图 25-8 所示。按 Enter 键开始播放声音，注意听朗诵的内容，在第 20 帧处按下 Enter 键，停止播放声音，使用"文本工具"输入"忆江南 白居易"。在第 40 帧处按 F6 键插入关键帧，在第 20 帧和第 40 帧之间创建传统补间动画。

图 25-7　"导入"对话框

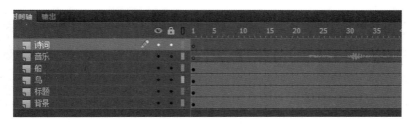

图 25-8　延长帧并新建"诗词"图层

**14** 新建图层并重命名为"句一"，在第 65 帧处按 F7 键插入空白关键帧，使用"文本工具"输入"江南好，风景旧曾谙"。在第 130 帧处按 F6 键插入关键帧，在第 65 帧和第 130 帧之间创建传统补间动画，实现由左向右移动的动画效果，如图 25-9 所示。

图 25-9　制作"句一"动画效果

**15** 新建图层并重命名为"句二"，在第 140 帧处按 F7 键插入空白关键帧，使用"文本工具"输入"日出江花红胜火"，在第 195 帧处按 F6 键插入关键帧，在第 140 帧和第 195 帧之间创建传统补间动画，实现由左向右移动的动画效果，如图 25-10 所示。

图 25-10　制作"句二"动画效果

**16** 新建图层并重命名为"句三"，在第 200 帧处按 F7 键插入空白关键帧，使用"文本工具"输入"春来江水绿如蓝"。在第 260 帧处按 F6 键插入关键帧，在第 200 帧和第 260 帧之间创建传统补间动画，实现由左向右移动的动画效果。

**17** 新建图层并重命名为"句四"，在第 265 帧处按 F7 键插入空白关键帧，使用"文本工具"输入"能不忆江南"。在第 310 帧处按 F6 键插入关键帧，在第 265 帧和第 310 帧之间创建传统补间动画，实现由左向右移动的效果。

**18** 按快捷键 Ctrl+F8，打开"创建新元件"对话框，创建一个名为"播放"的按钮元件，单击"确认"按钮进入按钮元件的编辑窗口，在"弹起"、"指针经过"和"按下"关键帧中输入"PLAY"，在"点击"关键帧中使用"矩形工具"绘制一个矩形作为响应区域，如图 25-11 所示。

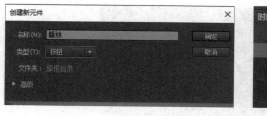

图 25-11　创建"播放"按钮元件

**19** 返回场景 1，新建图层并重命名为"as"，选择第 1 帧，按 F9 键打开"动作"面板，在脚本编辑窗口中输入"stop();"。

**20** 将"播放"按钮元件拖曳到"as"图层并放置在舞台右下角，在"属性"面板中设置实例名称为"b_btn"，选择按钮元件，打开"代码片段"面板，选择"时间轴导

航"|"单击以转到帧并播放"选项，为按钮添加代码，如图 25-12 所示。

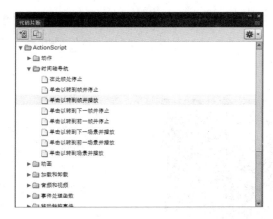

图 25-12　为按钮添加代码

**21** 选择"鸟"图层，在第 295 帧处按 F6 键插入关键帧，选择第 1 帧上的"小鸟"元件实例，并将其拖曳到舞台左侧。选择 295 帧，将"小鸟"元件实例拖曳到舞台右侧，在第 1 帧和第 295 帧之间创建传统补间动画，创建小鸟的移动动画效果。

**22** 选择"船"图层，在第 295 帧处按 F6 键插入关键帧，选择第 295 帧上的元件实例，将"船"元件实例拖曳到舞台左下角。选择第 1 帧上的"船"元件实例并拖曳到舞台右侧，在第 1 帧和第 295 帧之间创建传统补间动画，创建船的移动动画效果。

**23** 按快捷键 Ctrl+Enter 测试影片效果。保存文件，文件名为"忆江南"，并导出为"忆江南 .swf"。

# 综合案例 26　制作"打苍蝇"小游戏

本案例使用 ActionScript 3.0 脚本语言制作"打苍蝇"小游戏。在限定的 30 秒内，打中苍蝇的数量就是最后的得分，如图 26-0 所示。

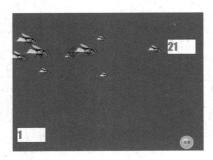

图 26-0　"打苍蝇"小游戏

## 实训步骤

**1** 新建 ActionScript 3.0 文档，设置文档大小为宽 800 像素、高 600 像素，舞台颜色为

#006699。

**2** 选择"插入"|"新建元件"命令，创建一个名为"fly"的影片剪辑元件，在该对话框的"高级"选项组中勾选"为 ActionScript 导出"复选框，单击"确定"按钮，如图 26-1 所示。

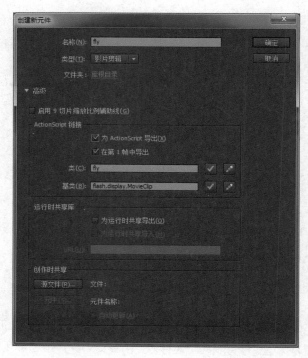

图 26-1 创建"fly"影片剪辑元件

**3** 选择"文件"|"导入"|"导入到舞台"命令，将"苍蝇.png"图像导入舞台中，使用"任意变形"面板调整素材的缩放比例为 35%，在"对齐"面板中单击"水平中齐"和"垂直中齐"按钮，调整素材与舞台的位置关系，如图 26-2 所示。

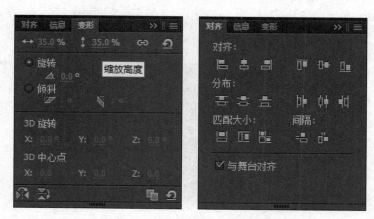

图 26-2 调整素材大小与位置关系

**4** 选择"插入"|"新建元件"命令，创建一个名为"gun"的影片剪辑元件，勾选"高级"选项组下的"为 ActionScript 导出"复选框，单击"确定"按钮，如图 26-3 所示。

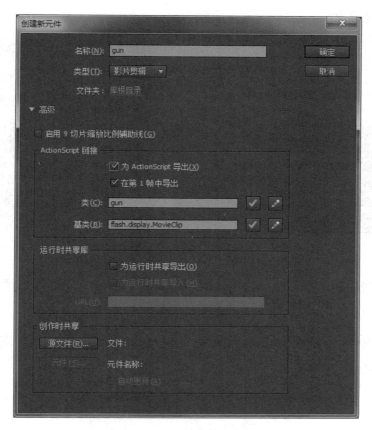

图 26-3　创建"gun"影片剪辑元件

**5** 选择"椭圆工具"，设置笔触颜色为黑色，填充颜色为无，笔触为 3 像素，按住快捷键 Alt+Shift，从舞台中心开始绘制一个宽、高均为 86 像素的正圆形。使用"线条工具"，按住 Shift 键绘制两条垂直的线段，如图 26-4 所示。

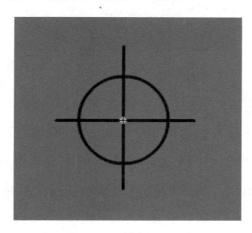

图 26-4　绘制正圆形

**6** 选择"插入"|"新建元件"命令，创建一个名为"按钮"的按钮元件，在"弹起"帧上使用"椭圆工具"，设置笔触颜色为无，填充颜色为由绿到黑的径向渐变，在舞台上绘制一个宽、高均为 70 像素的正圆形。分别在"指针经过"、"按下"和"点击"

帧处按 F6 键插入关键帧，如图 26-5 所示。

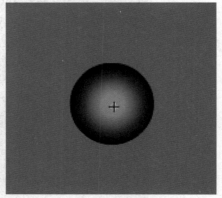

图 26-5　创建按钮元件

**7** 返回场景 1，按快捷键 Ctrl+L 打开"库"面板，将按钮元件拖曳到图层 1 上，并放置在舞台左下角，使用"文本工具"设置"系列"为"微软雅黑"，"颜色"为白色，"大小"为 28 磅，在按钮上输入"开始"。选择按钮元件，在"属性"面板中将其命名为"start_btn"，如图 26-6 所示。

图 26-6　编辑按钮元件

**8** 新建图层 2，在第 2 帧处按 F7 键插入空白关键帧，选择"文本工具"，在舞台上拖曳出两个动态文本框，设置其大小为宽 200 像素、高 90 像素，"系列"为"微软雅黑"，"颜色"为粉色，"大小"为 28 磅。将右上角的文本框命名为"time_txt"，将右下角的文本框命名为"t1_txt"。将库中的"开始"按钮元件拖曳到舞台右下角，使用"文本工具"设置"系列"为"微软雅黑"，"颜色"为白色，"大小"为 28 磅，在按钮上输入"结束"。选择"按钮"元件实例，在"属性"面板中将其命名为"over_btn"。打开"库"面板，将"gun"影片剪辑元件拖曳到舞台中，调整缩放比例为 65%，在"属性"面板中将其命名为"gun_mc"，如图 26-7 所示。

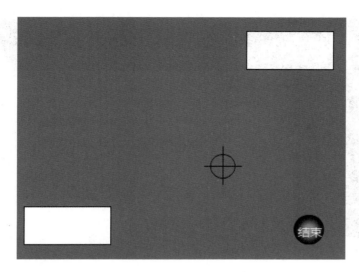

图 26-7　编辑图层 2 第 2 帧中的对象

**9** 新建图层 3，在第 3 帧处按 F7 键插入空白关键帧，选择"文本工具"，设置"系列"为"微软雅黑"，"颜色"为粉色，"大小"为 35 磅，输入"你的成绩"。在舞台中间拖曳出一个动态文本框，设置其大小为宽 200 像素、高 90 像素，"系列"为"微软雅黑"，"颜色"为粉色，"大小"为 28 磅，并将文本框命名为"t2_txt"。拖曳两个按钮元件到舞台右下角，使用"文本工具"设置"系列"为"微软雅黑"，"颜色"为白色，"大小"分别为 15 磅和 25 磅，在按钮上分别输入"再玩一次"和"退出"。再次选择按钮，在"属性"面板中将其分别命名为"again_btn"和"quit_btn"，如图 26-8 所示。

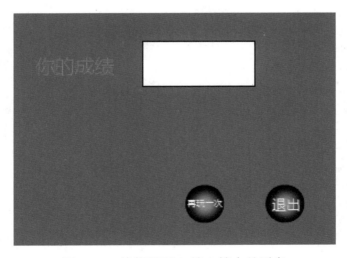

图 26-8　编辑图层 3 第 3 帧中的对象

**10** 选择图层 1 的"开始"按钮元件，选择"窗口"|"代码片段"命令，选择"时间轴导航"|"单击以转到帧并停止"选项，在"图层"面板上新增"Actions"图层，打开"动作"面板修改代码，如图 26-9 所示。

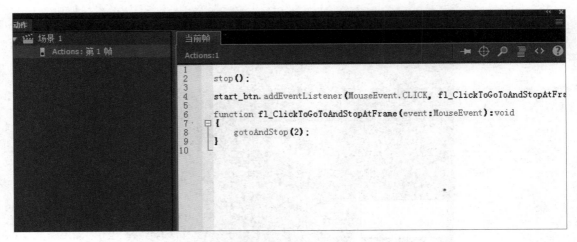

图 26-9　修改代码

**11** 选择"Actions"图层中的第 2 帧，按 F7 键插入空白关键帧，并在脚本编辑窗口中输入以下代码。

```
import flash.events.Event;
import flash.display.MovieClip;
import flash.events.MouseEvent;
import flash.utils.Timer;
import flash.events.TimerEvent;
var score: int = 0;
var FlyAry: Array = new Array();
var temp_tick: int = 0;
var fly_count: int = 0;
var timer: Timer = new Timer(1000);
var tick: int = 30;
timer.addEventListener(TimerEvent.TIMER, UpdateTime);
timer.start();
gun_mc.mouseEnabled = false;
this.addEventListener(Event.ENTER_FRAME, UpdateView);
function UpdateView(e: Event): void {
    Mouse.hide();
    gun_mc.x = this.mouseX;
    gun_mc.y = this.mouseY;
    temp_tick++;
    if (temp_tick == 20) {
        temp_tick = 0;
        FlyAry.push(new fly());
        FlyAry[fly_count].scaleX = FlyAry[fly_count].scaleY = 0.2 + Math.random() *
0.5;
        FlyAry[fly_count].spd = 2 + Math.random() * 2;
        FlyAry[fly_count].y = 100 + Math.random() * 200;
        FlyAry[fly_count].x = (-1) * FlyAry[fly_count].width;
        FlyAry[fly_count].addEventListener(MouseEvent.CLICK, GetShoot);
```

```
            this.addChildAt(FlyAry[fly_count], 0);
            fly_count++;
        }
    for (var i: int = 0; i < fly_count; i++) {
        if (FlyAry[i].visible == true && FlyAry[i].x < 800) {
            FlyAry[i].x += FlyAry[i].spd;                }
        if (FlyAry[i].x >= 800) {
            FlyAry[i].visible = false;             }
    }
}
function GetShoot(e: MouseEvent): void {
    var obj: MovieClip = e.currentTarget as MovieClip;
    obj.visible = false;
    score++;
    t1_txt.text = String(score);}
function UpdateTime(e: TimerEvent): void {
    tick--;
    time_txt.text = String(tick);
    if (tick == 0) {
        time_txt.text = "Times Up!";
        timer.stop();
        removeEventListener(Event.ENTER_FRAME, UpdateView);
        removeEventListener(Event.ENTER_FRAME, GetShoot);
        timer.removeEventListener(TimerEvent.TIMER, UpdateTime);
        Mouse.show();
        gotoAndStop(3);
        for (var i: int = fly_count; i > 0; i--) {
            this.removeChildAt(FlyAry[fly_count]);
        }
    }
}

over_btn.addEventListener(MouseEvent.CLICK, QuitGame);
function QuitGame(e: MouseEvent): void {
    removeEventListener(Event.ENTER_FRAME, UpdateView);
    removeEventListener(Event.ENTER_FRAME, GetShoot);
    timer.removeEventListener(TimerEvent.TIMER, UpdateTime);
    Mouse.show();
    gotoAndStop(3);
    for (var i: int = fly_count; i > 0; i--) {
        this.removeChildAt(FlyAry[fly_count]);             }
}
```

12 在 "Actions" 图层上的第 3 帧处按 F7 键插入空白关键帧，并在脚本编辑窗口中输入以下代码。

```
import flash.events.MouseEvent;
t2_txt.text=String(score);
again_btn.addEventListener(MouseEvent.CLICK,reStartGame);
function reStartGame(e:MouseEvent):void
{   gotoAndStop(2);}
quit_btn.addEventListener(MouseEvent.CLICK, fl_ClickToGoToAndStopAtFrame_2);
function fl_ClickToGoToAndStopAtFrame_2(event:MouseEvent):void
{   fscommand("quit","true");}
```

**13** 按快捷键 Ctrl+Enter 测试动画效果。保存文件，文件名为"打苍蝇"，并导出为"打苍蝇 .swf"文件。

# 综合案例 27　制作"中华传统美食"广告

使用补间、传统补间、形状补间等动画效果，制作"中华传统美食"广告，如图 27-0 所示。

图 27-0　"中华传统美食"广告

## 实训步骤

**1** 启动 Animate CC 2017，选择"文件"|"打开"命令，打开给定的素材文件"中华传统美食广告素材 .fla"，如图 27-1 所示。在"属性"面板中设置舞台颜色为 #FF9999。

**2** 在软件编辑窗口中，按快捷键 Ctrl+L 打开"库"面板，将库中的"背景"素材文件拖曳到图层 1 的第 1 帧，选择"背景"位图，在"属性"面板中修改位置和大小参数，如图 27-2 所示。将图层 1 重命名为"背景"，在"背景"图层上新建图层 2，并重命名为"背景遮罩"，选择"背景遮罩"图层的第 1 帧，使用"椭圆工具"在舞台中绘制一个正圆形，在第 30 帧处按 F6 键插入关键帧，并调整第 30 帧处正圆形的大小，使其遮盖整个舞台，如图 27-3 所示。在第 1 帧和第 30 帧之间创建补间形状动画。将"背景"图层延长到第 30 帧，在"背景"图层上右击，在快捷菜单中选择"遮罩层"命令，制作"背景"图像的遮罩层动画效果。

图 27-1　打开素材文件

图 27-2　修改位置和大小参数

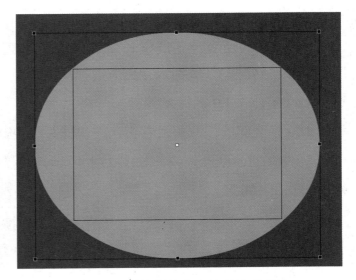

图 27-3　调整圆的大小使其遮盖舞台

3　新建图层 3，重命名为"标题动画"，在该图层的第 30 帧处按 F7 键插入空白关键帧，将库中的"标题效果"影片剪辑元件拖曳放置在舞台上，设置其"X"为 490 像素、"Y"为 180 像素。选中文本内容，按 F8 键将其转换为"标题动画"影片剪辑元件。双击元件实例，进入编辑状态。为标题制作滤镜动画效果，选择第 1 帧上的元件实例，在"属性"面板下的"滤镜"选项组中选择"斜角"和"调整颜色"选项，并设置参数，如图 27-4 所示。在第 30 帧处插入关键帧，分别在"滤镜"选项组中选择"斜角"和"调整颜色"选项，并设置参数，如图 27-5 所示。在第 1 帧和第 30 帧之间的任意帧上右击，在快捷菜单中选择"创建传统补间动画"命令。

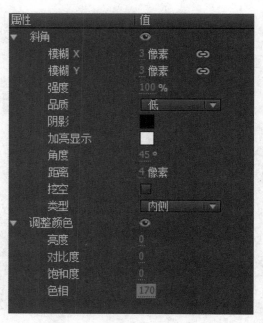

图 27-4　第 1 帧上的滤镜参数　　　　　　　　图 27-5　第 30 帧上的滤镜参数

**4** 返回场景 1，将所有的图层延长到第 60 帧。新建图层 4 并重命名为"盘子"，在该图层的第 60 帧处按 F7 键插入空白关键帧，将库中的"盘子"元件拖曳放置在舞台右侧，在第 100 帧处按 F6 键插入关键帧，将"盘子"元件实例移动到舞台中央，在第 60 帧和第 100 帧之间的任意帧上右击，在快捷菜单中选择"创建传统补间"命令，完成"盘子"元件实例的动画效果，如图 27-6 所示。选择所有图层的第 100 帧，按 F5 键将图层帧延长到第 100 帧。

**5** 新建图层 5，重命名为"饺子"，在第 100 帧处按 F7 键插入空白关键帧，将库中的"饺子"元件拖曳到舞台中"盘子"元件实例的上方。选择"饺子"元件实例，按 F8 键打开"转换为元件"对话框，将其重命名为"饺子动画"，"类型"为"影片剪辑"，单击"确定"按钮，如图 27-7 所示。再次双击"饺子动画"元件实例，进入影片剪辑元件的编辑窗口。

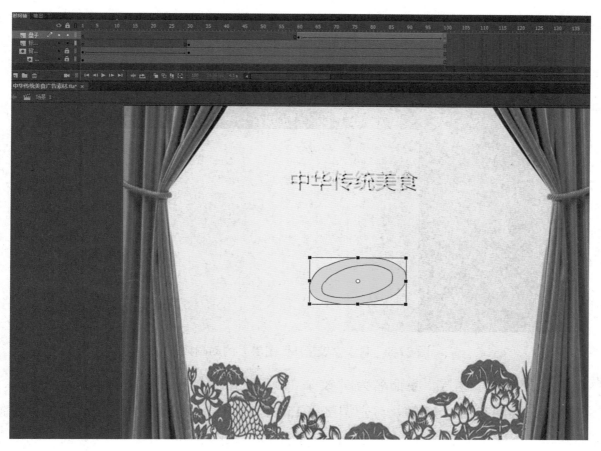

图 27-6 制作"盘子"动画效果

图 27-7 创建"饺子动画"影片剪辑元件

**6** 在"饺子动画"影片剪辑元件的编辑窗口中,双击图层 1 并重命名为"饺子 1",选择第 1 帧,将"饺子"元件实例拖曳到舞台右侧,在第 30 帧处插入关键帧。将"饺子"元件实例拖曳到"盘子"元件实例的左上方,在第 35 帧处插入关键帧,调整"饺子"元件实例的位置和旋转角度,随后分别在第 1 帧和第 30 帧之间与第 30 帧和第 35 帧之间创建传统补间动画,如图 27-8 所示。

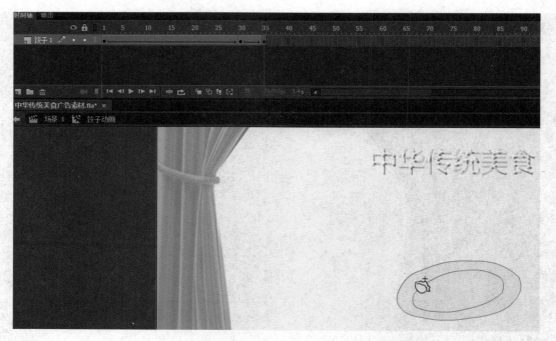

图 27-8　制作"饺子 1"图层上的动画效果

**7** 复制"饺子 1"图层,重命名为"饺子 2",选择"饺子 2"图层的第 1~35 帧,按住鼠标左键向右拖曳 15 帧,分别调整第 15 帧、第 45 帧和第 50 帧上元件实例的位置和旋转角度,并将"饺子 1"图层延长到第 50 帧,如图 27-9 所示。

图 27-9　制作"饺子 2"图层上的动画效果

**8** 复制"饺子 2"图层,重命名为"饺子 3",选择"饺子 3"图层的第 15~50 帧,按住鼠标左键向右拖曳 15 帧,分别调整第 30 帧、第 60 帧和第 65 帧上元件实例的位置和旋转角度，并将"饺子 1"和"饺子 2"图层延长到第 65 帧，如图 27-10 所示。

图 27-10　制作"饺子 3"图层上的动画效果

9 复制"饺子 3"图层，重命名为"饺子 4"，选择"饺子 4"图层的第 30~65 帧，按住鼠标左键向右拖曳 15 帧，分别调整第 45 帧、第 75 帧和第 80 帧上元件实例的位置和旋转角度，并将"饺子 1"、"饺子 2"和"饺子 3"图层延长到第 80 帧，如图 27-11 所示。

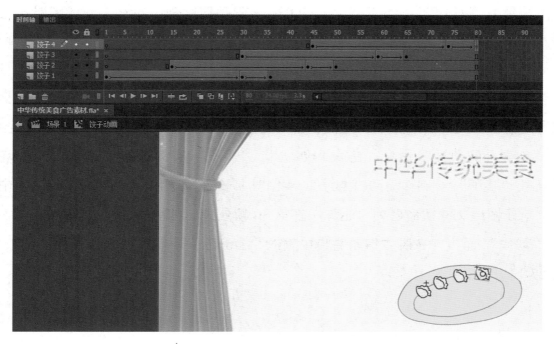

图 27-11　制作"饺子 4"图层上的动画效果

**10** 选择"饺子 1"、"饺子 2"、"饺子 3"和"饺子 4"图层,复制图层并重命名为 "饺子 1 复制"、"饺子 2 复制"、"饺子 3 复制"和"饺子 4 复制",选择复制后 图层的所有帧,向右侧移动到第 80 帧处,分别调整各复制图层上元件实例的位置,制 作第 2 排水饺的动画效果。延长"饺子 1"、"饺子 2"、"饺子 3"和"饺子 4"图 层的帧到第 159 帧,如图 27-12 所示。新建图层并重命名为"as",在"as"图层的第 159 帧处按 F7 键插入空白关键帧,按 F9 键打开"动作"面板,在脚本编辑窗口中输 入"stop();"。

图 27-12　制作不同图层上饺子的动画效果

**11** 返回场景 1,将所有的图层延长到第 260 帧。在"时间轴"面板中新建图层 6,重命名 为"筷子",在第 260 帧处按 F7 键插入空白关键帧,将库中的"筷子"元件拖曳到舞 台上,选择"筷子"元件实例,按 F8 键创建"筷子动画"的影片剪辑元件。双击"筷 子动画"元件实例,进入元件的编辑窗口,在图层 1 的第 1 帧上将"筷子"元件实例 拖曳到舞台右侧,在第 30 帧处按 F5 键延长帧,在第 1~30 帧上右击,在快捷菜单中选 择"创建补间动画"命令,在第 10 帧处将"筷子"实例对象拖曳到舞台上,在第 30 帧处将"筷子"实例移动到"盘子"实例对象一侧,使用"任意变形工具"调整其角 度。新建图层 2 并重命名为"as",在第 30 帧处按 F7 键插入空白关键帧,按 F9 键打 开"动作"面板,在脚本编辑窗口中输入"stop();",制作两根筷子的动画效果,如 图 27-13 所示。

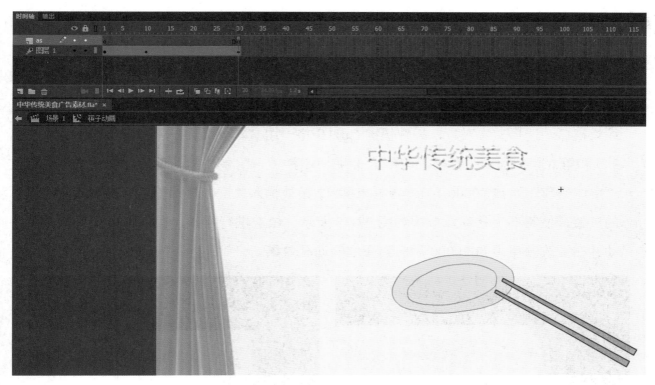

图 27-13　制作筷子动画效果

**12** 返回场景 1，将所有图层均延长到第 290 帧，在 "筷子" 图层上新建图层 7，重命名为 "烟"，在第 230 帧处按 F7 键插入空白关键帧。将 "库" 面板中的 "烟" 影片剪辑元件拖曳到舞台中 "盘子" 元件实例的上方，打开 "变形" 面板，将缩放高度和缩放宽度均设置为 43%。双击 "烟" 实例对象，进入影片剪辑元件的编辑窗口，分别在第 10 帧、第 20 帧和第 30 帧处按 F6 键插入关键帧。使用 "选择工具" 调整烟的形状和位置，分别在第 1 帧和第 10 帧之间、第 10 帧和第 20 帧之间与第 20 帧和第 30 帧之间创建补间形状动画，制作白烟上升的动画效果，如图 27-14 所示。

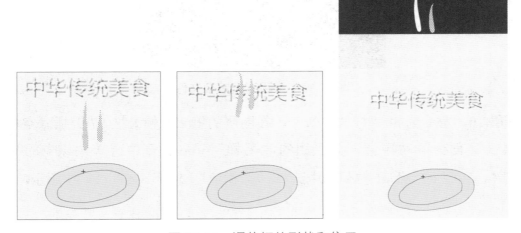

图 27-14　调整烟的形状和位置

**13** 返回场景 1，新建图层 8，重命名为"广告文字"，在第 280 帧处按 F7 键插入空白关键帧。选择"文本工具"，在"属性"面板中设置"系列"为"微软雅黑"，"大小"为 55 磅，"颜色"为 #0000CC，输入"一盘水饺，家乡的味道"。选中文本内容，按 F8 键将文本内容转换为"广告文本动画"的影片剪辑元件。双击影片剪辑元件，进入编辑窗口，选择文本对象，按快捷键 Ctrl+B 将一组文本分离为若干个单文本对象。在第 3 帧和第 6 帧处插入关键帧，调整第 3 帧上文字"一"的位置，使其向上移动，并修改"字体颜色"为 #FF0000。在第 9 帧和第 12 帧处插入关键帧，调整第 9 帧上文字"盘"的位置，使其向上移动，效果如图 27-15 所示。依次进行操作，实现每个文字均向上移动并在更改颜色为 #FF0000 后回到原位的动画效果。

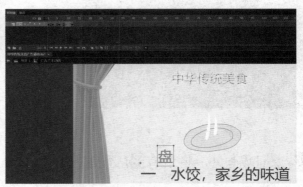

图 27-15　制作"广告文字"动画效果

**14** 返回场景 1，新建图层 9，重命名为"背景音乐"，选择图层的第 1 帧，在"属性"面板下"声音"选项组的"名称"下拉列表中选择"bj.mp3"声音文件，在"同步"下拉列表中选择"数据流"选项，如图 27-16 所示。

图 27-16　应用背景声音文件

**15** 新建图层 10，重命名为"广告声音"，在图层的第 230 帧处按 F7 键插入空白关键帧，在"属性"面板下"声音"选项组的"名称"下拉列表中选择"家乡的味道 .wav"声音文件，在"同步"下拉列表中选择"数据流"选项，如图 27-17 所示。

图 27-17　应用广告声音文件

**16** 新建图层 11，重命名为 "as"，将所有图层均延长到第 400 帧，在 "as" 图层的第 400 帧处按 F7 键插入空白关键帧，按 F9 键打开 "动作" 面板，在脚本编辑窗口中输入 "stop();"。

**17** 按快捷键 Ctrl+Enter 测试影片效果。保存文件，文件名为 "中华传统美食广告"，并导出为 "中华传统美食广告 .swf" 文件。

## 实训拓展

### 一、基础知识练习

1. 在 Animate CC 2017 的组件类型中，UI 组件用于设置用户界面，常用组件包括（　　）、（　　）、（　　）、（　　）、（　　）、进程栏组件、滚动窗格组件、数字微调组件和文本标签组件。

2. （　　）参数可以修改按钮组件上显示的文本。

3. （　　）组件是一个可以被勾选或取消勾选的方框，用于收集一组非互相排斥的选项。

4. 单选按钮组件允许在（　　）的选项之间进行选择。

5. 单行文本组件的（　　）参数用于设置是否显示为密码形式。

### 二、技能操作练习

1. 使用按钮组件和单行文本组件，制作 "点我" 小游戏，如图 27-18 所示。

图 27-18    "点我"小游戏

2. 使用单选按钮组件、单行文本组件和按钮组件制作"单项选择题"小游戏，如图 27-19 所示。

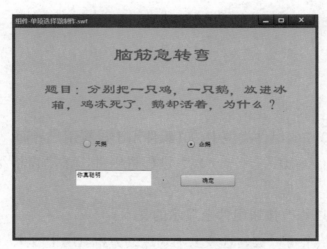

图 27-19    "单项选择题"小游戏